JIANZHUGONGCHENG SHITU
KUAISURUMEN

建筑工程识图快速入门

潘旺林　徐 峰/主编　 湖南科学技术出版社

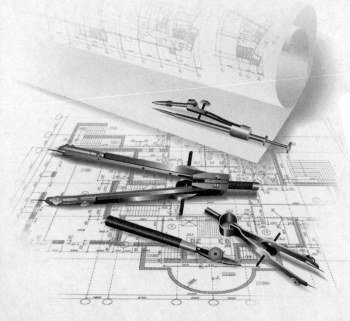

U0271201

图书在版编目（CIP）数据

建筑工程识图快速入门 / 潘旺林，徐峰主编. -- 长沙 ：湖南科学
技术出版社，2015.9
  ISBN 978-7-5357-8728-6

Ⅰ．①建… Ⅱ．①潘… ②徐… Ⅲ．①建筑制图－识别
Ⅳ．①TU2
  中国版本图书馆 CIP 数据核字(2015)第 179643 号

建筑工程识图快速入门

主　　编：潘旺林　徐　峰
责任编辑：杨　林
文字编辑：胡捷晖
出版发行：湖南科学技术出版社
社　　址：长沙市湘雅路 276 号
　　　　　http://www.hnstp.com
湖南科学技术出版社天猫旗舰店网址：
　　　　　http://hnkjcbs.tmall.com
邮购联系：本社直销科 0731-84375808
印　　刷：衡阳顺地印务有限公司
　　　　　（印装质量问题请直接与本厂联系）
厂　　址：湖南省衡阳市雁峰区园艺村 9 号
邮　　编：421008
出版日期：2015 年 9 月第 1 版第 1 次
开　　本：710mm×1020mm　1/16
印　　张：17
字　　数：280000
书　　号：ISBN 978-7-5357-8728-6
定　　价：51.00 元

前 言

随着我国经济建设的飞速发展，建筑业已成为当今最具有活力的一个行业。不计其数的建筑在我国大江南北拔地而起，建筑工程的规模也日益扩大，大批建筑队伍中的新工人，非常渴望在工作实践中能够比较快地学习和掌握一些技能理论知识。为保证设计构思的准确实现，保证工程的质量，必须充分重视施工图的识读。对于施工人员，快速和准确地识读施工图，是一项基本技能，尤其是对于刚参加工作的施工人员，更加迫切希望了解建筑的基本构造，看懂施工图，以适应工作需要。因此，为了帮助建筑工人和工程技术人员，尤其是刚参加工作的施工人员系统地了解和掌握识读施工图的方法，我们组织有关工程技术人员编写了《建筑工程识图快速入门》。

本书用浅易通俗的语言，系统地介绍了建筑施工图的基本组成、表示方法、编排顺序及识读技法，并通过大量的施工图实例来指导识读。同时收录了有关规范实例，还适当的介绍了有关专业的基本概念和专业基础知识。书中列举的看图实例和施工图，均选自各设计单位的施工图及国家标准图集，在此对有关设计人员致以诚挚的感谢。为了适合读者阅读，作者对部分施工图做了一些修改。本书系统地介绍了建筑施工图的基本概念和专业知识，涉及投影原理、相关标准、房屋建筑的基本知识，重点在于识读方法和技巧。首先介绍了投影原理，然后依照建筑施工图图纸的顺序，结合工程实例进行讲述，此外，还提供了相关标准和规定中的部分摘录。本书可以作为建筑工人自学读物，也可作为技工培训的参考读物，以及建筑企业中非土建专业人员看懂建筑施工图的阅读资料。

本书由潘旺林、徐峰主编，参加编写的有汪立亮、杨波、卢永胜、章宏、姚东伟、陈海、夏红民、戴胡斌、程国元、潘明明、徐峰、连晷、王文庆、满维龙、刘言强等同志。本书在编写过程中，参考了大量的岗前培训资料和已出版的同类出版物，并得到建筑行业前辈及各位同仁的大力支持和帮助，在此表

1

示最诚挚的谢意！

限于作者水平，书中难免有错误和不当之处，恳请读者给予指正。我们诚挚地希望本书能够为广大建筑工人朋友学习识图知识带来更多的帮助！

编　者

2015 年 7 月

目 录

第一章　工程制图基础知识

第一节　制图标准认知

一、图幅

1. 图幅的规格和图框

图纸幅面简称图幅。《房屋建筑制图统一标准》（GB/T 50001—2010）规定图幅有 A0、A1、A2、A3、A4 共 5 种规格，如图 1-1 所示。图纸以短边作为垂直边称为横式，以短边作为水平边称为立式，如图 1-2、图 1-3 所示。一般 A0～A3 图纸宜横式使用，必要时也可立式使用。图框是图纸中限定绘图区域的边界线，画图时必须在图纸上画出图框，图框用粗实线绘制。图幅与图框的尺寸见表 1-1。

表 1-1　　　　　　　　　　　　图幅与图框尺寸

幅面代号 尺寸代号	A0	A1	A2	A3	A4
$b \times l$	841×1189	594×841	420×594	297×420	210×297
c		10		5	
a			25		

必要时，图纸允许加长幅面。图纸的短边一般不应加长，长边可加长。一般每加长一个单位是 1/8 图幅长。同一专业所用的图纸，一般不宜多于两种幅面（不含目录及表格所采用的 A4 幅面）。

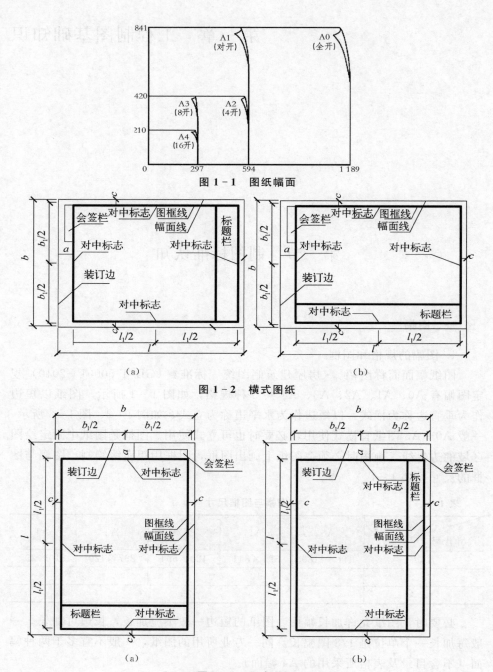

图 1-1 图纸幅面

图 1-2 横式图纸

(a)

(b)

图 1-3 立式图纸

(a)

(b)

2

通常，在实际工程应用中，图纸可用开本的概念来表示，如 A0 为全开、A1 为对开（2开）、A2 为 4 开、A3 为 8 开、A4 为 16 开，如图 1-1 所示。

2. 标题栏

在每一张图样的右部或下部都必须有一个标题栏，如图 1-2、图 1-3 所示。根据工程需要选择确定其尺寸、格式及分区。标题栏外框线用中粗实线绘制，分格线用细实线绘制，其格式及尺寸分别如图 1-4（a）、（b）所示。

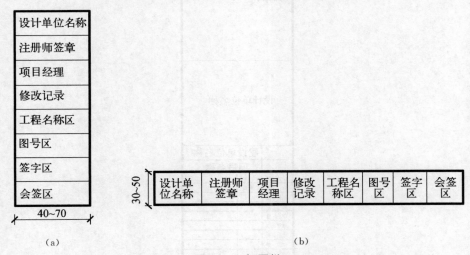

（a）   （b）

图 1-4　标题栏

标题栏主要表示与建筑工程图样相关的信息，如设计单位名称、注册师签章、项目经理、修改记录、工程名称区、图号区、签字区、会签栏等。

会签栏是各工种（如土木、水、电等）负责人签字用的表格，以便明确其技术职责，如图 1-5 所示。其位置如图 1-2、图 1-3 所示。不需会签的图样可不设会签栏。

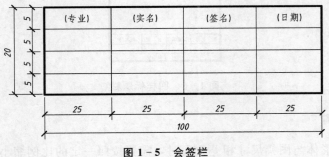

图 1-5　会签栏

如图1-6所示为图样标题栏的应用实例，上面有设计单位的名称、设计人员的签字、工程名称、图样内容及图号、日期等。

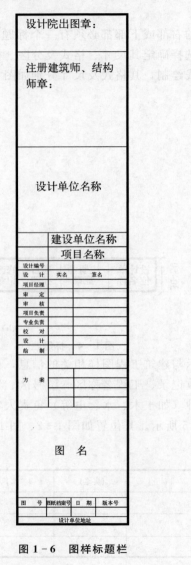

设计院出图章：

注册建筑师、结构师章：

设计单位名称

建设单位名称		
项目名称		
设计编号		
设　计	实名	签名
项目经理		
审　定		
审　核		
项目负责		
专业负责		
校　对		
设　计		
绘　制		
方　案		

图　名

图　号	图纸档案号	日　期	版本号
设计单位地址			

图1-6　图样标题栏

二、比例

当工程形体与图幅尺寸相差太大时，需要按照一定的比例缩小绘制在图纸

4

上。图样的比例，是指图形与实物相对应的线性尺寸之比。比例的大小，是指图形尺寸与实际尺寸比值的大小，如对于同一个形体，用 1：100 则大于用 1：150画出的图样。比例的注写见表 1-2。

表 1-2   比例的注写

比例的注写	图　例
比例宜注写在图名的右侧，与图名的基准线相平齐，字高比图名的字高小 1 号或 2 号	平面图 1：100
使用详图符号作图名时，符号下不再画线	②1：20
当一张图样上的各图只有一种比例时，可以把比例写在图样的标题栏内	

绘图时所用的比例，应根据图样的用途与被绘对象的复杂程度，从表 1-3 中选用，并优先用表中的常用比例。

表 1-3   绘图所用的比例

常用比例	1：1、1：2、1：5、1：10、1：20、1：30、1：50、1：100、1：150、1：200、1：500、1：1000、1：2000
可用比例	1：3、1：4、1：6、1：15、1：25、1：40、1：60、1：80、1：250、1：300、1：400、1：600、1：5000、1：10000、1：20000、1：50000、1：100000、1：200000

比例分为原值比例、放大比例和缩小比例三种。原值比例比值等于 1（如 1：1）；放大比例比值大于 1（如 2：1），即图样比实际形体大；缩小比例比值小于 1（如 1：100），即图样比实际形体小。在建筑工程图中，几乎全部选用缩小比例。

图 1-7 所示为用三种不同比例画出的同一扇门的立面图。因为选用的比例不同，所以呈现图样的大小不同，但它们的实际尺寸（宽 1000mm，高 2700mm）都是一样的。在以后识图时必须要注意这一点。

三、图线

在工程图样中，线型不同和粗细不同的图线分别表达不同的设计内容。识图时要分清各类图线，这是识读图样最基本的技能。

1. 图线的宽度

建筑工程图样采用四种线宽：粗线、中粗线、中线和细线，它们的线宽比例为 4：3：2：1。设粗线的宽度为 b，则中粗线、中线、细线的宽度分别为

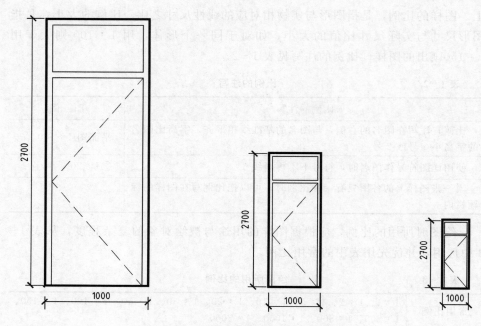

图 1－7　三种不同比例的图样比较

0.7*b*、0.5*b*、0.25*b*。每个工程图样及图框线、标题栏线的线宽组应从表 1－4、表 1－5 中选取。一般情况下，同一张图纸内比例相同的各个图样，应采用相同的线宽组；同一图样中同类图线的宽度也应一致。另外，同一张图纸内，各不同线宽中的细线，可统一采用较细线宽组的细线。

表 1－4　　　　　　　　　　　　　　　线宽组

线宽比	线宽组（mm）			
b	1.4	1.0	0.7	0.5
0.7*b*	1.0	0.7	0.5	0.35
0.5*b*	0.7	0.5	0.35	0.25
0.25*b*	0.35	0.25	0.18	0.13

　注：1. 需要缩微的图纸，不宜采用 0.18 及更细的线宽。

　　　2. 同一张图纸内各不同线宽中的细线，可统一采用较细的线宽组的细线。

表 1-5   图框线、标题栏线的线宽（mm）

幅面代号	图框线	标题栏外框线	标题栏分格线
A0、A1	1.4	0.7	0.35
A2、A3、A4	1.0	0.7	0.35

2. 图线的类型和用途

《房屋建筑制图统一标准》（GB/T 50001—2010）中对图线的名称、线型、线宽、用途做了明确的规定，见表 1-6。

表 1-6   图线的类型和用途

名称		线型	线宽	一般用途
实线	粗	▬▬▬▬▬	b	主要可见轮廓线
	中粗	▬▬▬▬	$0.7b$	可见轮廓线
	中	▬▬▬	$0.5b$	可见轮廓线、尺寸线、变更云线
	细	———	$0.25b$	图例填充线、家具线
虚线	粗	▬ ▬ ▬ ▪	b	见各有关专业制图标准
	中粗	▬ ▬ ▬ ▪	$0.7b$	不可见轮廓线
	中	▬ ▬ ▬ ▪	$0.5b$	不可见轮廓线、图例线
	细	- - - -	$0.25b$	图例填充线、家具线
单点长划线	粗	▬▬ ▪ ▬▬	b	见各有关专业制图标准
	中	▬ ▪ ▬	$0.5b$	见各有关专业制图标准
	细	— · —	$0.25b$	中心线、对称线、轴线等
双点长划线	粗	▬▬ ▪▪ ▬▬	b	见各有关专业制图标准
	中	▬ ▪▪ ▬	$0.5b$	见各有关专业制图标准
	细	— ·· —	$0.25b$	假想轮廓线、成型前原始轮廓线
折断线	细	——✓——	$0.25b$	断开界线
波浪线	细	∼∼∼∼	$0.25b$	断开界线

如图 1-8 所示，为一幅建筑平面图（局部），从中可以看出各类线型及其应用。

3. 图线的画法

常用图线的画法要求见表 1-7。

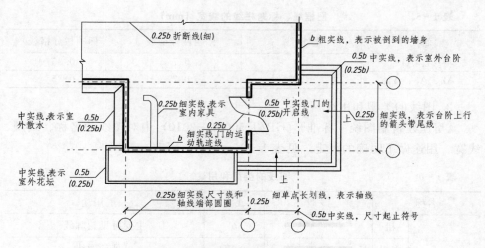

图 1-8 建筑平面图中各类线型及其应用

表 1-7   常用图线的画法

	图线的画法要求	图例
1	在同一个图样上，相同比例的图样应选用相同的线宽组	
2	相互平行的图线，其间隙不宜小于其中粗线的宽度，且不得小于 0.7mm	间隙宽度≥粗线宽且 ≥0.7mm
3	虚线、单点长划线或双点长划线的线段长度和间隔，应各自相等	
4	点划线两端应超出圆弧 3～5mm 在较小图形中，单点长划线或双点长划线可以用实线代替	
5	单点长划线或双点长划线的两端，不应是点；点划线与点划线交接或点划线与其他图线交接时，应是线段相交；虚线与虚线交接或虚线与其他图线交接时，应是线段交接；虚线为实线的延长线时，不得与实线连接	
6	图线不得与文字、数字或符号重叠、混淆；不能避免时，可将图线断开，保证文字等的清晰	

8

图1-9所示为建筑施工图中窗户的平面图图例。该图由粗实线、中实线、细实线、细单点长划线、折断线共5种图线组成，不同的图线分别表示不同的含义。

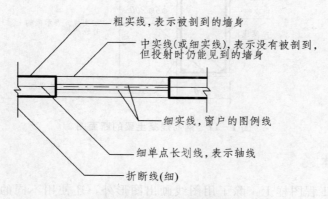

图1-9 窗户平面图图例

图1-10所示为建筑施工图中悬窗的平面图图例。悬窗是位置较高的窗，是剖切平面上方的窗。因此，只有粗实线，没有中实线，最重要的是窗户的图例线是虚线，而不是实线。

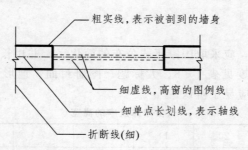

图1-10 悬（高）窗的平面图图例

如图1-11所示，为结构施工图中钢筋混凝土梁的断面图。从图中可以看出，梁的外轮廓线用细实线表示，而粗实线则用来表示钢筋，这和建筑施工图是完全不同的。

通过以上三个应用实例，可以认识到建筑工程图样中图线的重要性。在同一图样中，不同的图线表示不同的内容；在不同专业的图样中，同样的图线却用来表示不同的内容。

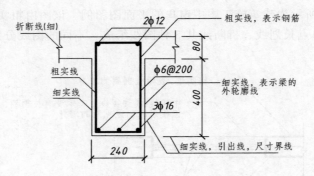

图 1-11　钢筋混凝土梁的断面图

四、字体

在建筑工程图样上，除了用图线画出图形外，还使用不同的字体进行描述。图样上常用的字体有汉字、阿拉伯数字、拉丁字母，有时也会出现罗马数字、希腊字母等。例如，用汉字注写图名、建筑材料，用数字标注尺寸，用数字和字母表示轴线的编号等。

在图样上书写的字体应笔画清晰，字体端正，排列整齐，间隔均匀，标点符号清楚正确。

1. 汉字

图样中的汉字，应采取国家正式公布的简化字，并用长仿宋体书写。长仿宋体字的高度与宽度见表1-8。大标题、图册封面、地形图的汉字，也可书写成其他字体，但应易于辨认。

表 1-8　　　　　　　　　　长仿宋体汉字的高宽

| 字高（mm） | 20 | 14 | 10 | 7 | 5 | 3.5 |
| 字宽（mm） | 14 | 10 | 7 | 5 | 3.5 | 2.5 |

字体的号数即字体的高度。中文矢量的字体应从 3.5mm、5mm、7mm、10mm、14mm、20mm 系列中选用，且字高为字宽的 2 倍。如需要书写更大的字号，其高度应按 2 的比值递增。TRUETYPE 字体及非中文矢量字体应从 3mm、4mm、6mm、8mm、10mm、14mm、20mm 系列中选用。

长仿宋体汉字的书写要领归纳为：横平竖直，起落有锋，结构均匀，填满方格。

长仿宋体汉字的基本笔画有横、竖、撇、点、捺、挑、钩、折 8 种（表1-9）。

10

表 1-9　　　　　　　　　　　　　　长仿宋体基本笔画运笔轨迹示意

笔画名称		范例			
横	平横	一 一 三 土	斜横	一 一 匕 斗
竖	直竖	丨 丨 刂 巾	曲头竖	丨 丨 为 马
撇	平撇	一 千 舌	斜撇	丿 丆 刀
	竖撇	丿 丿 川		
捺	横捺	⌒ 之 迫	直捺	乀 从 伏
	斜捺	乀 人 走	曲头捺	乀 乀 公
点	斜点	丶 卞 冬	长点	丶 不 冬
	垂点	丨 刃 至	上盼点	丷 江 汗
	撇点	丿 半 兰		
挑	平挑	一 纽 扫	斜挑	丿 把 丁
折	横折	乛 五 日	竖弯	L 四 西
	横撇	乛 歹 又	斜折	L 军 么
	横折挑	乚 扑 说		く 女 迴
	横折弯	乙 安 架	竖折撇	与 专 妈
	竖折	∟ 山 区	双折	孑 及 延
	竖挑	乚 良 幻		弓 述 逃
钩	竖钩	丨 丁 小	横钩	乛 买 军
	竖曲钩	乚 子 狗	横折钩	丁 司 而
	竖弯钩	乚 几 巳	包钩	丁 匀 万
	竖折折钩	勹 弓 弓	横斜钩	乁 迅 拋

笔画名称	范例				
钩	斜钩	㇂㇂戈戒	横折弯钩	㇊乙九几	
	横折折折钩	了了乃仍		乙乙㇉气	
	横撇弯钩	了了陡那	横曲钩	㇁心总	

2. 字母和数字

字母和数字在图样上的书写分为直体和斜体两种，它们与中文字混合书写时字高一般小一号。斜体书写时应向右倾斜，并与水平线成 75°。其中，字高不应小于 2.5mm，字体宜采用单线简体或 ROMAN 字体。

长仿宋体字例见表 1-10。

表 1-10　　　　　　　　　字体的字例

字体		字例
汉字	10 号	字体工整笔画清楚间隔均匀排列整齐
	7 号	横平竖直注意起落结构均匀填满方格
	5 号	技术制图机械电子汽车船舶土木建筑矿山井坑港口纺织服装
	3.5 号	螺纹齿轮端子接线飞行指导驾驶舱位挖填施工引水通风闸阀坝棉麻化纤
阿拉伯数字	直体	0123456789
	斜体	0123456789
拉丁字母	大写直体	ABCDEFGHIJKLMNO
	大写斜体	ABCDEFGHIJKLMNO

12

续表

字体		字例
拉丁字母	小写直体	abcdefghijklmnopq
	小写斜体	abcdefghijklmnopq
罗马数字	直体	I II III IV V VI VII VIII IX X
	斜体	I II III IV V VI VII VIII IX X
希腊字母		α β γ δ η θ λ μ φ ω

图 1-12 是某房屋的平面图，从中可以看出部分字体在图样中的实际应用。

五、尺寸标注

尺寸数字在图样上占有非常重要的地位。建筑工程施工是根据图样上标注的尺寸进行的，因此，在绘图时应按物体实际尺寸标注，且必须保证所标注的尺寸完整、清晰和准确。

图样上的尺寸，包括尺寸界线、尺寸线、尺寸起止符号和尺寸数字。尺寸标注基本规定见表 1-11。

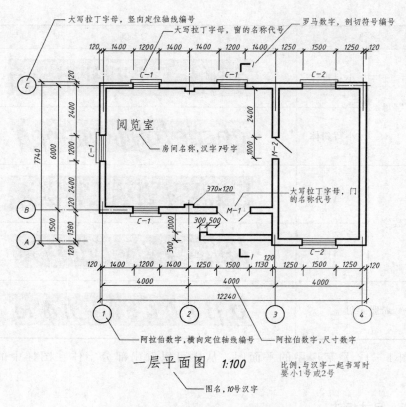

图 1-12 字体的实际应用

表 1-11 　　　　　　　　　　　　尺寸标注的基本规定

内容	图示	说明
尺寸的组成		1. 尺寸界线应用细实线绘制，一般与被注长度垂直，其一端离开图样轮廓线不小于2mm，另一端宜超出尺寸线2～3mm，图样轮廓线可用作尺寸界线 2. 尺寸线应用细实线绘制，与被注长度平行 3. 尺寸起止符号一般应用中实线绘制，其倾斜方向与尺寸界线成顺时针45°角，长度宜为2～3mm 4. 图样上的尺寸，应以尺寸数字为准，不得从图上直接量取 5. 图样上的尺寸单位，除标高及总平面以m(米)为单位外，其他必须以mm(毫米)为单位

14

内容	图示	说明
图线与尺寸界线、尺寸线的关系	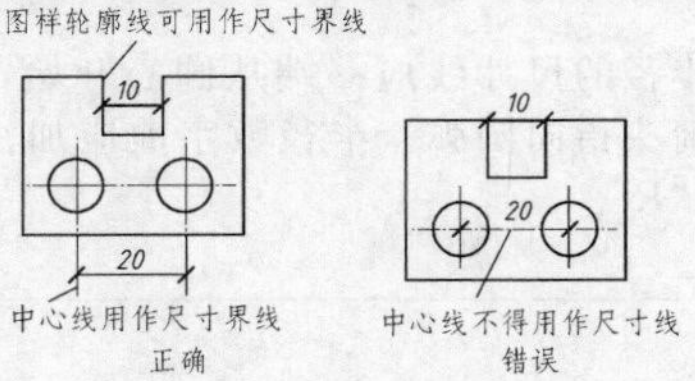 图样轮廓线可用作尺寸界线　中心线用作尺寸界线 正确　中心线不得用作尺寸线 错误	图样轮廓线、中心线等可用作尺寸界线，图样本身的任何图线均不得用作尺寸线
箭头尺寸起止符号	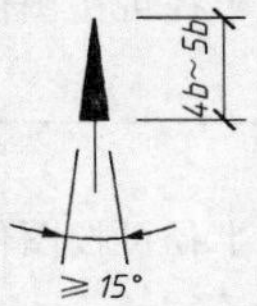 ≥15°	半径、直径、角度与弧长的尺寸起止符号宜用箭头表示
尺寸数字的注写方向	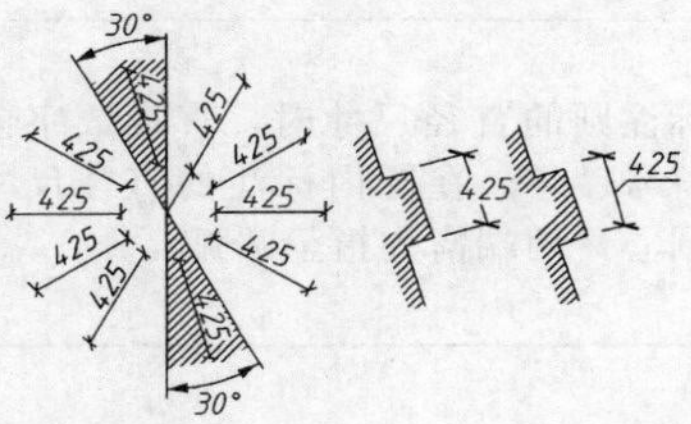	尺寸数字的方向，应按左图的规定注写。若尺寸数字在30°斜线区内，宜按右图的形式注写
尺寸数字的注写位置	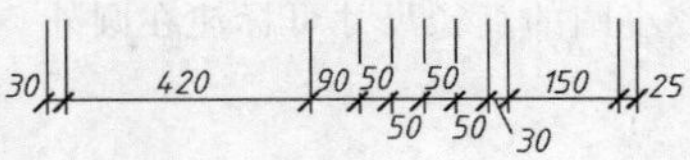	尺寸数字一般应依据其读数方向注写在靠近尺寸线上方的中部。如果没有足够的注写位置，最外边的尺寸数字可注写在尺寸界线的外侧，中间相邻的尺寸数字可错开注写，也可引出注写
尺寸数字的注写	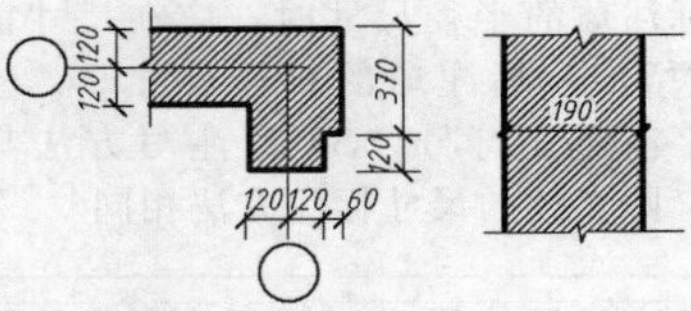	尺寸宜标注在图样轮廓以外，不宜与图线、文字及符号等相交。图线不得穿过尺寸数字，不可避免时，应将尺寸数字处的图线断开
尺寸的排列	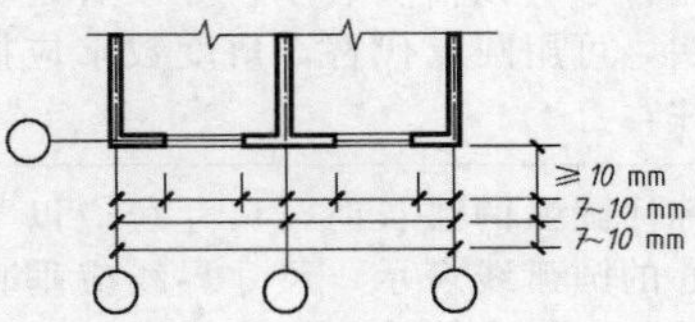	1. 互相平行的尺寸线，应从被注写的图样轮廓线由近向远整齐排列，较小尺寸应离轮廓线较近，较大尺寸应离轮廓线较远 2. 图样轮廓线以外的尺寸线，距图样最外轮廓之间的距离，不宜小于10mm。平行排列的尺寸线的间距，宜为7～10mm，并应保持一致 3. 总尺寸的尺寸线应靠近所指部位，中间的分尺寸的尺寸界线可稍短，但其长度应相等

内容	图示	说明
半径标注	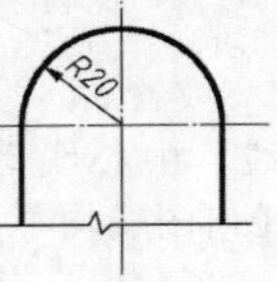	半径的尺寸线应一端从圆心开始,另一端画箭头指向圆弧。半径数字前应加注半径符号"R"
较小圆弧半径的标注	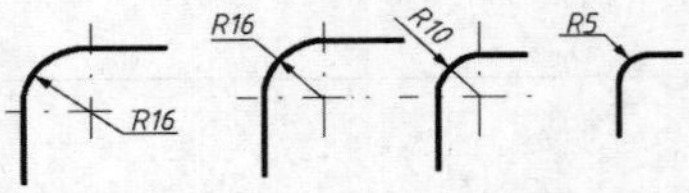	较小圆弧的半径可按图例形式标注
较大圆弧半径的标注	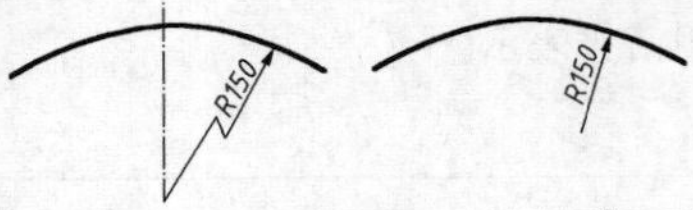	较大圆弧的半径可按图例形式标注
圆直径的标注	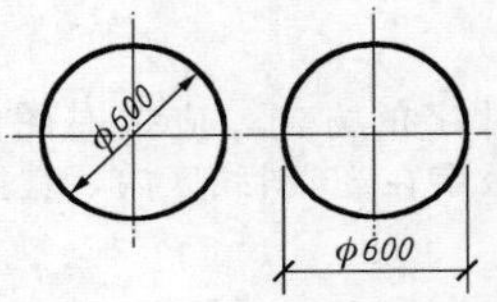	标注圆的直径尺寸时,直径数字前应加直径符号"φ"。在圆内标注的直径尺寸线应通过圆心,两端箭头指至圆弧
小圆直径的标注	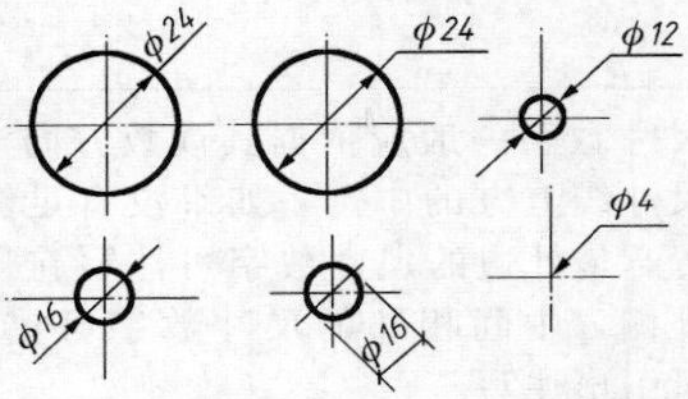	较小圆的直径尺寸可标注在圆外
球的标注	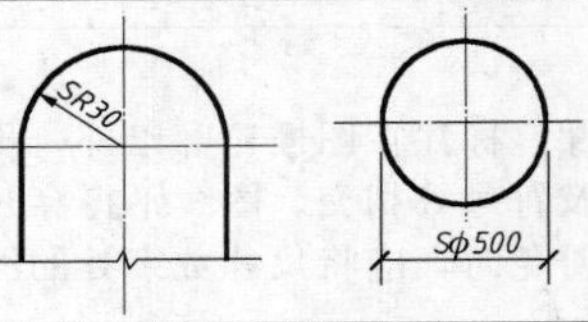	标注球的半径尺寸时,应在尺寸前加注符号"SR"。标注球的直径尺寸时,应在尺寸数字前加注符号"Sφ"。注写方法与圆弧半径、圆直径的尺寸标注方法相同
角度标注	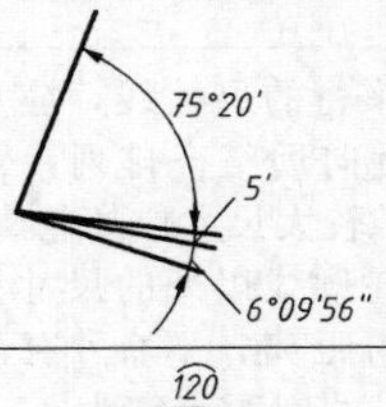	角度的尺寸线应以圆弧表示。该圆弧的圆心应是该角的顶点,角的两条边为尺寸界线,起止符号应以箭头表示。如没有足够位置画箭头,可用圆点代替,角度数字应按水平方向注写
弧长标注	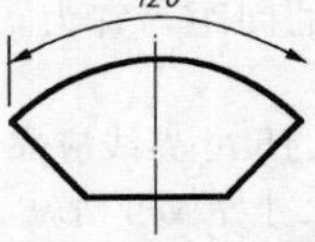	标注圆弧的弧长时,尺寸线应以与该圆弧同心的圆弧线表示,尺寸界线应垂直于该圆弧的弦,起止符号用箭头表示,弧长数字上方应加注圆弧符号"⌒"

续表3

内容	图示	说明
弦长标注	*113*	标注圆弧的弦长时，尺寸线应以平行于该弦的直线表示，尺寸界线应垂直于该弦，起止符号用中粗斜短线表示
坡度标注	*2%* *1:2* *2%* *2.5* *1*	标注坡度时，应加注坡度符号"←"，该符号为单面箭头，箭头应指向下坡方向。坡度也可用直角三角形形式标注
标高标注	*5.25C* *3 mm* *45°* *3 mm* *45°*	标高符号以等腰直角三角形表示

图1-13所示为结构施工图中的基础断面图，由图可以看出尺寸标注在工程图样中的实际应用。

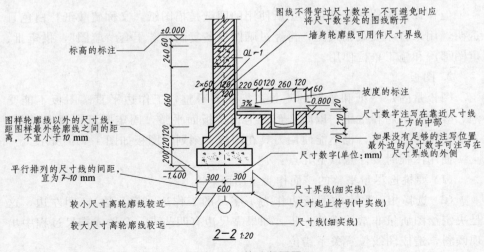

图1-13 基础断面图

第二节　制图工具使用方法

虽然现在的建筑工程图基本上都是用计算机绘制的，但是手工绘图仍是工程技术人员的基本功，更何况在后面的学习中有许多作业要手工去做，以后抄绘建筑工程图也要手工绘图。"工欲善其事，必先利其器"，为保证绘图质量，提高绘图速度，对各种绘图工具和用品都必须了解它们的构造和性能，熟练掌握它们的正确使用方法，并经常注意维护和保养。

在绘图时，特别是在平时做作业时，最常用的绘图工具和用品有：铅笔、直尺、三角板、圆规、分规、模板等。

一、图纸和图板

1. 图纸

绘制工程图样都需要图纸。通常在学生学习阶段使用的图纸是米格纸和绘图纸，用来绘制铅笔图。米格纸是纸面上印有布满 1mm 单位的方格，方便度量尺寸；绘图纸要求纸面洁白，质地坚硬，橡皮擦后不起毛，便于改图后确保图面干净整洁，一般重量不小于 80g。绘图时可用胶带将绘图纸固定在图板的适当位置上。

但在设计单位，绘制正式图所使用的图纸是描图纸，又称硫酸纸，白色且透明，用来打印墨线正式图，再经过晒图设备复制成若干套"蓝图"，供审批、审图部门和施工单位使用。

2. 图板

图板是固定图纸和绘图的工具，板面要平整，工作边平直。图板不能受潮、曝晒、烘烤和重压，以防变形。为保持板面平整，固定图纸用透明胶带，不能使用图钉固定，也不能使用刀具在图板上刻划。图板如图 1 - 14 所示。

使用图板时要注意以下几点：

（1）要挑选尽量平整的一面作为绘图面。

（2）选择相对平直的图板边作为丁字尺的工作边（靠尺边），即左边，这是决定绘图质量非常关键的一步。如果靠尺边有凹凸点，会造成推尺过程中出现倾斜，造成图线位置关系错位。

对于一套图纸而言，工作边只能有一个（因为图板的相邻两个边不能保证

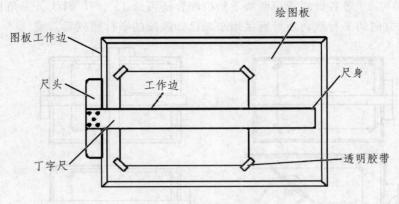

图 1-14　绘图板与丁字尺

相互垂直，如果图中更换工作边，势必造成基准线发生变化，使后续画的图线与之前的图线位置关系发生变化），以确保图线相互平行或垂直。

二、丁字尺与三角板

1. 丁字尺

丁字尺是画水平线及配合三角板画垂线和斜线的工具。丁字尺由相互垂直的尺头和尺身组成。使用时应将尺头内侧紧靠图板左边（工作边），上、下推动丁字尺，直至尺身工作边对准画线位置，再用左手按住尺身，从左向右画水平线，如图 1-15 所示。再次强调，切勿将尺头靠图板的其他边使用，也不能在尺身下边画线。不能用小刀靠工作边裁纸。不用时应将丁字尺悬挂保管，以防尺身变形。

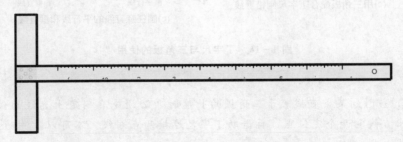

图 1-15　丁字尺

2. 三角板

三角板除了直接画直线外，主要是配合丁字尺画铅垂线（图 1-16）和

30°、45°、60°等各种斜线，两块三角板配合还可画 15°、75°斜线。三角板可推画任意方向的平行线，还可直接用来画已知线段的平行线或垂直线。

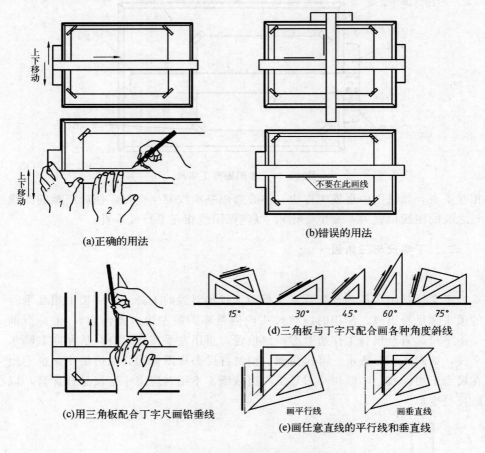

(a)正确的用法　　(b)错误的用法

(c)用三角板配合丁字尺画铅垂线

(d)三角板与丁字尺配合画各种角度斜线

画平行线　　画垂直线
(e)画任意直线的平行线和垂直线

图 1-16　丁字尺与三角板的使用

注意：
　　1. 当遇到某条直线长于三角板的长度时，必须先准确定出直线的位置，即量出直线的两个定位点，再借助丁字尺连接两点划线。不可以目测随意定位画线。
　　2. 在平时做作业时，常用直尺和三角板画直线，推平行线、垂直线或画 30°、45°、60°的特殊角。

三、绘图笔

1. 铅笔

铅笔是绘图最常用的工具。绘图铅笔是木质的，有软硬之分。"H"表示硬，绘出的图线颜色较浅，容易在图纸上留下划痕；"B"表示软，绘出的图线颜色较黑；"HB"表示中等软硬度的铅芯。"H"前的数字越大表示越硬，"B"前的数字越大表示越软。H～3H铅笔常用于打底稿，HB、B铅笔用于加深图线，写字常用 H、HB 铅笔。铅笔应从没有标志软硬度的一端开始使用，以保留标记便于以后使用辨认软硬。铅笔尖应削成斜边约 25mm 的圆锥形，铅芯露出 6～8mm（不宜用卷笔刀削铅笔）。铅笔尖也可削成楔形，方便画粗实线，削笔时使图线达到一定的粗度为止。画线时铅笔从侧面看要垂直，从正面看向画线方向倾斜约 60°，如图 1-17 所示。

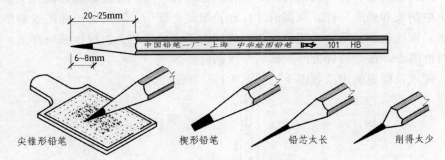

图 1-17　铅笔的削法

尖锥形铅芯用于画稿线和注写文字等，楔形铅芯用于加深图线用。

画线时握笔要自然，速度、用力要均匀。

2. 描图笔

描图笔是描图上墨的画线工具，有直线笔、绘图小钢笔、绘图墨水笔等。其中绘图墨水笔又称针管笔，其外形似普通钢笔，笔尖是一根细针管，针管直径有 0.18mm、0.25mm、0.35mm、0.5mm、0.7mm、0.9mm 等数种，如图 1-18 所示。

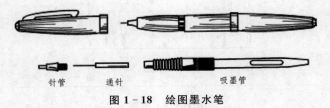

图 1-18　绘图墨水笔

使用绘图笔时笔身前后方向应与纸面垂直，并向前进方向倾斜 5°～20°。画线时速度要均匀，用力不应过重。长久不用时墨水应冲洗干净，以防墨水干结堵塞笔尖。

由于目前设计行业全部使用计算机出图，因此绘图笔主要用于修改图纸和参加全国各类注册建筑师考试绘图之用。

四、圆规和分规

1. 圆规

圆规用来画圆和圆弧。圆规有两个分肢，其中一肢固定脚是钢针，另一肢是活动插脚，可更换铅芯、钢针，分别用于绘铅笔图和作分规使用。圆规固定脚上的钢针一端的针尖为锥状，用它可以代替分规使用；另一端的针尖带有台阶，画圆时使用。使用圆规时钢针应比铅芯略长，特别要注意的是圆规上的铅芯也应削成和铅笔一样，画图时才好和铅笔配套使用，否则画出的图线粗细不一致，深浅也不一致。画圆和圆弧时应用右手大拇指和食指捏住圆规杆柄，钢针对准圆心，按顺时针方向旋转，一次画完。

圆规及圆规的用法如图 1-19、图 1-20 所示。

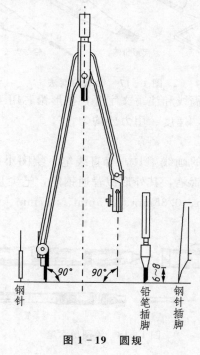

钢针　　　　　90°　90°　　　铅笔插脚　钢针插脚

图 1-19　圆规

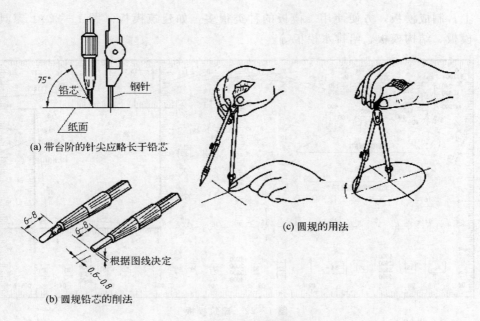

(a) 带台阶的针尖应略长于铅芯

(b) 圆规铅芯的削法

(c) 圆规的用法

图 1－20　圆规的用法

2. 分规

分规用来截取线段、等分线段和量取线段的长度。分规的两针脚应高低一致，如图 1－21 所示。

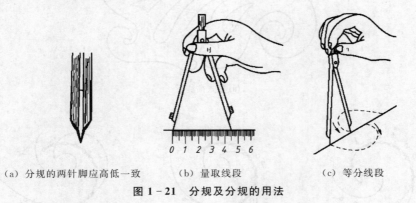

(a) 分规的两针脚应高低一致　　　(b) 量取线段　　　(c) 等分线段

图 1－21　分规及分规的用法

五、绘图辅助工具

1. 制图模板

为了提高制图的速度和质量，常将图样上用的符号、图形刻在有机玻璃板上，制成模板，方便使用。模板的种类很多，如建筑模板（图 1 - 22）、家具模板、结构模板、给排水模板等。

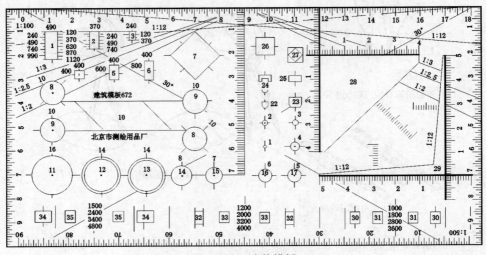

图 1 - 22 建筑模板

2. 曲线板

曲线板用于作图时连接各种不规则曲线，使用方法如图 1 - 23 所示。

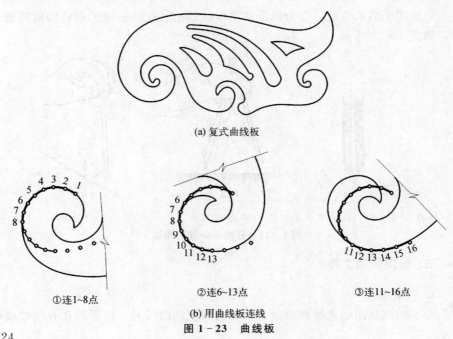

(a) 复式曲线板

①连1~8点　　②连6~13点　　③连11~16点

(b) 用曲线板连线

图 1 - 23 曲线板

3. 擦图片

擦图片是用于修改图线的，形状如图 1-24 所示，其材质多为不锈钢片。

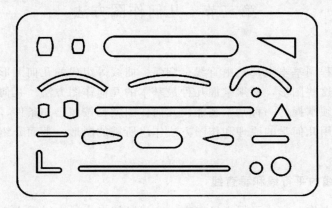

图 1-24　擦图片

除上述用品外，绘图工具和用品还有墨水、胶带纸、橡皮、刀片、软毛刷、砂纸等。

【小贴士】

绘图步骤和技巧提示

（1）绘图幅线、图框线、标题栏（图标）。

（2）布图（根据绘图个数、尺寸大小选择适当比例，使图面布图左右均衡、上下稳定，整图疏密有度）。

（3）绘底图（用 2H、H 硬铅笔轻画，减小铅笔在绘图纸上的划痕深度，便于画错修改而不影响图面效果，同时绘底图不分线宽分线型），检查图样无误后标注尺寸线、图名底线等。

（4）加深图样：

• 用 HB 或 B 加深图细线（图样当中的细实线、细虚线等，含尺寸标注线），原则上加深步骤是从上到下、从左到右，绘图尺轻拿轻放，不要在图纸上推移，以免将铅粉推蹭在图面上，确保图面清洁。

• 用 H 书写尺寸数字及汉字。

• 用 HB、B 加深图样中粗线、粗线（加深同一条线时尽量中间不停顿，从起笔到落笔用力均匀、一气呵成，这样可以保持线条笔直、流畅、深浅一致），加深步骤同上。

第三节　几何作图方法

　　建筑工程图基本上都是由直线、圆弧、曲线等组成的几何图形。为了正确绘制和识读这些图形，必须掌握几种最基本的几何作图方法。几何作图是学习本门课程必须掌握的一种基本技能。几何作图就是按照已知条件，使用各种绘图工具，运用几何学的原理和作图方法作出所需的图形。下面介绍一些常用的作图方法。

一、直线的平行线和垂直线

　　过已知点作一直线平行于已知直线和过已知点作一直线垂直于已知直线的作图方法和步骤见表 1-12。

表 1-12　　　　　　　作已知直线的平行线和垂直线

名称	作图方法与步骤	
作已知直线的平行线	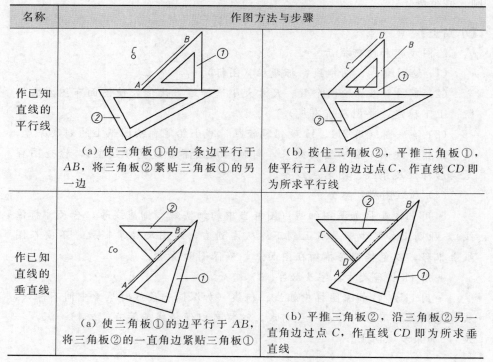（a）使三角板①的一条边平行于 *AB*，将三角板②紧贴三角板①的另一边	（b）按住三角板②，平推三角板①，使平行于 *AB* 的边过点 *C*，作直线 *CD* 即为所求平行线
作已知直线的垂直线	（a）使三角板①的边平行于 *AB*，将三角板②的一直角边紧贴三角板①	（b）平推三角板②，沿三角板②另一直角边过点 *C*，作直线 *CD* 即为所求垂直线

二、等分线段和坡度

等分线段的方法在楼梯详图等图样中经常用到，坡度在建筑施工图中也经常用到。等分线段和坡度的作图方法和步骤见表1-13。

表 1 - 13　　　　　　　　　　　　等分线段和坡度

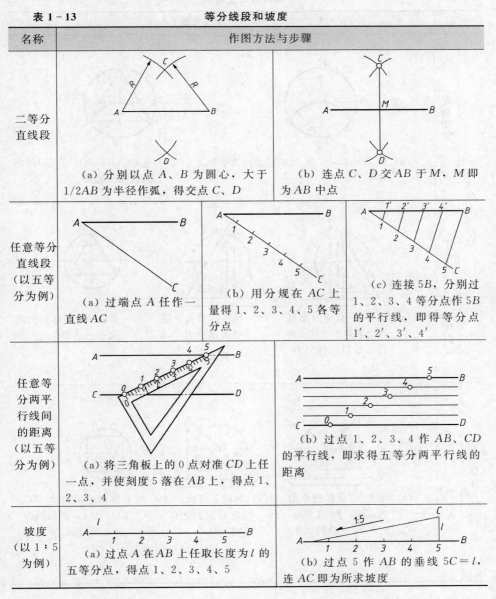

名称	作图方法与步骤		
二等分 直线段	（a）分别以点 A、B 为圆心，大于 1/2AB 为半径作弧，得交点 C、D	（b）连点 C、D 交 AB 于 M，M 即为 AB 中点	
任意等分 直线段 （以五等 分为例）	（a）过端点 A 任作一直线 AC	（b）用分规在 AC 上量得1、2、3、4、5各等分点	（c）连接 5B，分别过1、2、3、4等分点作 5B 的平行线，即得等分点 1′、2′、3′、4′
任意等 分两平 行线间 的距离 （以五等 分为例）	（a）将三角板上的0点对准 CD 上任一点，并使刻度5落在 AB 上，得点1、2、3、4	（b）过点1、2、3、4作 AB、CD 的平行线，即求得五等分两平行线的距离	
坡度 （以1：5 为例）	（a）过点 A 在 AB 上任取长度为 l 的五等分点，得点1、2、3、4、5	（b）过点5作 AB 的垂线 5C＝l，连 AC 即为所求坡度	

27

三、圆内接正多边形

作圆内接正多边形的作图方法和步骤见表 1-14。

表 1-14 　　　　　　　　　　　　　　　　圆内接正多边形

名称		作图方法与步骤
圆内接正三边形	尺规作图	（a）以 D 为圆心，R 为半径作圆弧交圆 O 于 B、C　　　　（b）连接 AB、BC、CA 即得圆内接正三边形
	丁字尺、三角板作图	（a）将 30°三角板的短直角边紧靠丁字尺工作边，沿斜边过 A 作 AB　　（b）翻转三角板，沿斜边过 A 作 AC　　（c）连接 B、C 即得圆内接正三边形
圆内接正四边形	丁字尺、三角板作图	（a）将 45°三角板的直角边紧靠丁字尺工作边，过圆心 O 沿斜边作直径 AC　　（b）翻转三角板，过圆心 O 沿斜边作直径 BD　　（c）依次连接 AB、BC、CD、DA，即得圆内接正四边形

28

名称	作图方法与步骤		
圆内接正五边形	尺规作图	 （a）作 OP 中点 M	 （b）以 M 为圆心，MA 为半径作弧交 ON 于 K，AK 即为圆内接正五边形的边长	 （c）自点 A 起，以 AK 为边长五等分圆周得点 B、C、D、E，依次连接 AB、BC、CD、DE、EA，即得圆内接正五边形
圆内接正六边形	尺规作图	 （a）分别以 A、D 为圆心，R 为半径作弧得 B、F、C、E 点	 （b）依次连接 AB、BC、CD、DE、EF、FA，即得圆内接正六边形	
	丁字尺、三角板作图	 （a）将 30°三角板的短直角边紧靠丁字尺工作边，沿斜边分别过 A、D 作 AB、DE	 （b）翻转三角板，分别边过 A、D 作 AF、DC	 （c）连接 BC、EF，即得圆内接正六边形

29

名称	作图方法与步骤	
圆内接正N边形（以正七边形为例）	尺规作图	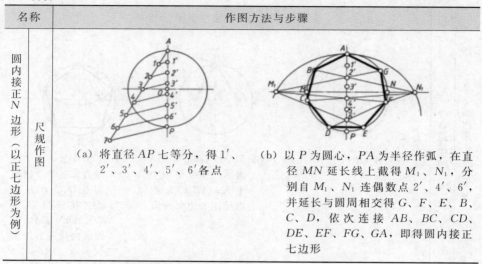 （a）将直径 AP 七等分，得 1′、2′、3′、4′、5′、6′各点	（b）以 P 为圆心，PA 为半径作弧，在直径 MN 延长线上截得 M_1、N_1，分别自 M_1、N_1 连偶数点 2′、4′、6′，并延长与圆周相交得 G、F、E、B、C、D，依次连接 AB、BC、CD、DE、EF、FG、GA，即得圆内接正七边形

图 1－25 是等分线段在绘制楼梯平面图时的实际应用。

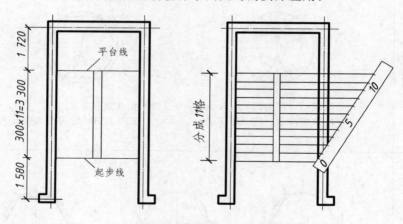

图 1－25　楼梯平面图的绘制

第二章 形体投影识图与制图

第一节 投影基础知识

一、投影法简介

用投射线将物体向选定的投影面进行投射，并在其上得到物体投影的方法称为投影法。投影法又分为中心投影法（投射光线交于一点）和平行投影法（投射光线相互平行），所得到的投影图分别叫中心投影图和平行投影图。平行投影图又分为斜投影图（投射光线与投影面不垂直）和正投影图（投射光线与投影面垂直），如图 2-1、图 2-2 所示。

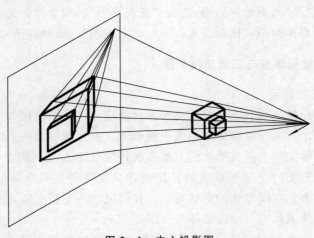

图 2-1 中心投影图

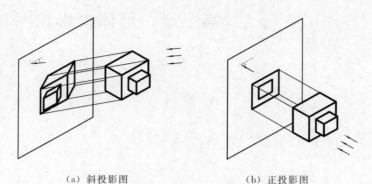

（a）斜投影图　　　　　　　　　　（b）正投影图

图 2 - 2　平行投影图

形成投影要具备以下三个条件：光源，物体，投影面。

工程当中的投影图是要用规定的线型画出光源能够照射到的物体表面的可见点、线（实线）、面和照射不到的物体表面不可见的点、线（虚线）、面。

只有当物体尽量多的面、线与投影面平行，其正投影才能够完全反映平行面（线）的实际形状（长度）和尺寸大小，这正是工程施工中的重要依据。但是这种投影图直观性差，只有经过专业制图、绘图能力训练的人员才能够识读。因此，在建筑、机械等领域的施工、工艺制造、加工及其设计等阶段广泛采用，并有一套完整的工程（机械）制图规范。

三视图和立体图都是正投影图（光线相互平行且垂直于投影面）。其中，三视图是将形体的一个方向的面与投影面平行，从而使投影图反映出形体实形和尺寸（其他形体表面的投影如果垂直于投影面则其投影积聚为直线，若倾斜于投影面则其投影为类似形），称之为"正投影图"；而立体图是将形体三个方向的面均与投影面倾斜，比较直观，又称"直观图"（即轴测图）。

二、三面投影体系与三面正投影图

1. 三面投影体系

一个空间形体，有长、宽和高三个方向的尺寸。如果仅用一个投影面，只能反映形体两个方向尺寸。如果用两个投影面，虽然能够反映形体三个方向尺寸，但是不能够完全表达其形体的三维形状特征（图 2-3、图 2-4）。

为此，需建立三个相互垂直的投影面，从而得到空间形体的三个正投影图，用来完整表达空间形体的形状特征。我们把这三个相互垂直的投影面所构成的一个空间体系称为三面投影体系（图 2-5）。

考虑初学者作图的需要，我们首先假想这个三面投影体系由 OX、OY、

32

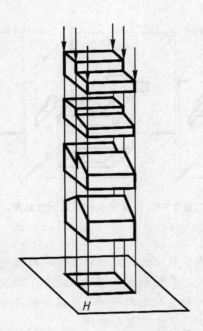

图 2-3 形体一个投影面的投影图

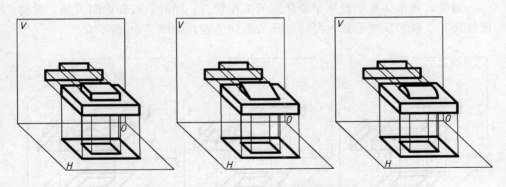

图 2-4 形体两个投影面的投影图

OZ 三个相互垂直的坐标轴和 H（水平投影面）、V（正立投影面）、W（侧立投影面）三个彼此垂直的投影面组成。

将形体从前往后对正立投影面进行投射，得到正立面投影图，简称正立投影图。

从上往下对水平投影面进行投射，得到水平面投影图，简称水平投影图。

从左往右对侧立投影面进行投射，得到侧立面投影图，简称侧立投影图。

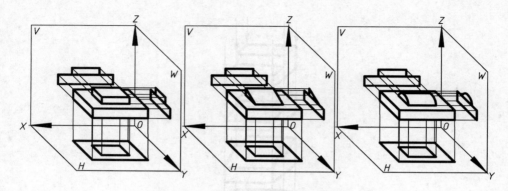

图 2 - 5　形体三个投影面的投影图

【温馨提示】

　　形体放置于投影体系当中的位置非常重要，因为不同的搁置位置得到的正投影图是完全不同的。要想得到能够满足施工（或加工）所需要的图样，需要将尽量多的形体表面与投影面平行，这样绘制出的正投影图才能够更多地反映实际形状和大小，便于度量和识读。

　　通常，将形体置于自然平稳状态或工作状态。同时，按照识图习惯，常将能够使正立投影反映形体主要特征视为最佳位置。如图 2 - 6 所示。

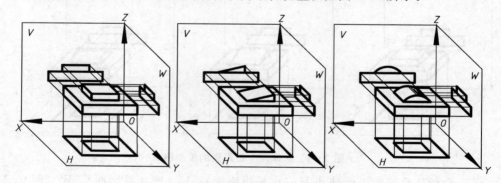

图 2 - 6　形体摆放位置使正立投影图反映形体特征

　　形体在三投影面体系中的位置一经选定，在投影过程中不能移动或变更。

2. 三面正投影图

　　按照三面正投影图的形成过程得知，三个投影图分别在三个相互垂直的投影面上。为了便于制图和识图，就将三个互相垂直的投影面连同三个投影图展开在一个平面上。规定 V 面保持不动，将 H 面绕 OX 轴向下旋转 $90°$，W 面绕 OZ 轴向右旋转 $90°$，使它们和 V 面处在同一平面上。这时 OY 轴分为两条，一条 OYH 轴，一条为 OYW 轴，这样也就符合实际工作当中使用的设计图要求了。如图 $2-7$ 所示。

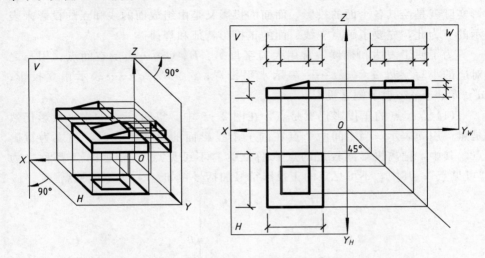

图 2－7 三维坐标体系展开与三面正投影图

注意：图中的坐标轴、投影面是初学投影图知识和作图的有效依据，今后所见的工程设计图中坐标轴、投影面将省略不画。

【温馨提示】
在学习投影制图的初始阶段，要严格按照三维坐标投影体系要求布图。即：水平投影图在正立投影图的正下方，侧立投影图在正立投影图的正右方。如图 $2-8$ 所示。

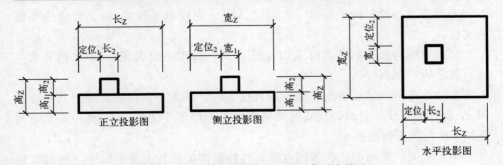

图 2－8 三面正投影图长、宽、高对应关系

三、点、线、面的正投影特征及其三面正投影规律

1. 点、线、面的正投影特征

任何形体表面都是由形状各异的平面（或曲面）围合而成的，绘制形体投影实际就是绘其各个面的投影，而面的投影又是由组成面的线和点的投影来表示的。为此，先要了解点、线、面的正投影特征和规律。

为了便于表达和识读，常用大写字母 A、B、C……表示空间点；用与之对应的小写字母 a、b、c……表示水平投影；a′、b′、c′……表示正立投影；a″、b″、c″……表示侧立投影。

（1）点：点的正投影仍然是点，在图 2-9 中，空间点 A 的水平投影仍然是点，用 a 表示。当空间两个点在同一个投影面的投影重合时，称之为重影点。其中，把离投影面较近的点 C 称之为"不可见点"，较远的点 B 称之为"可见点"；其中，不可见点的正投影符号加括号，如（c）为不可见点。

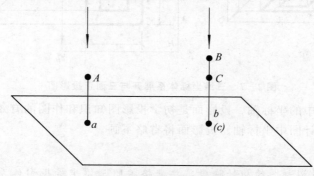

图 2-9　点的投影特征

（2）直线：直线的正投影图视其与投影面的位置关系有以下三种情况，如图 2-10 所示。

①当直线与投影面平行时（如直线 AB），直线水平投影 ab 仍为直线且反映实长。

②当直线与投影面垂直时（如直线 CD），其水平投影图 c（d）积聚为一点，称之为"积聚线"。

③除上述两种情况外的直线（如直线 EF），称为一般位置直线。其正投影图 ef 仍然是直线，且投影比直线实长要短，长度等于 $EF\cos\alpha$，其中 α 是空间直线 EF 与投影面的夹角。

（3）平面：平面的正投影图也视其与投影面的位置关系有以下三种投影特性。如图 2-11 所示。

36

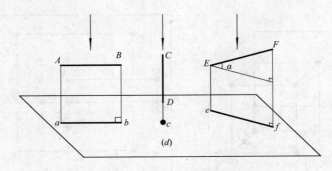

图 2-10 直线的投影特征

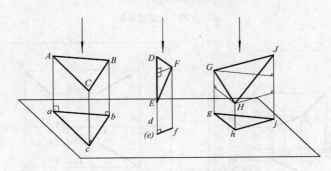

图 2-11 平面的投影特征

①当平面与投影面平行时（如平面 ABC），称为该投影面的平行面。其投影 abc 仍为平面且反映平面实形（全等）——显实性。

②当平面与投影面垂直时（如平面 DEF），称为该投影面的垂直面。其投影 d（e）f 积聚为一条直线，称之为"积聚面"——积聚性。

③除上述两种情况下的平面（如平面 GHJ），称为一般位置平面。其投影 ghj 仍然是平面，但不反映实际形状而是空间平面的类似形（即三角形平面的投影仍为类似三角形，四边形平面的投影仍为类似四边形，圆形平面的投影为椭圆，等等）。

2.三面正投影图规律

空间点 A、B、C 的三面正投影形成过程及其展开投影面后对应关系如图 2-12（a）所示。图中 A 为空间位置点（Xa，Ya，Za）；B 是 V 投影面上的点（Xb，Yb，Zb），其中 $Yb=0$；C 是 Y 坐标轴上的点（Xc，Yc，Zc），其中 $Xc=0$、$Zc=0$。

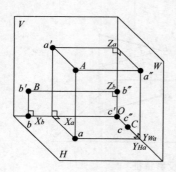
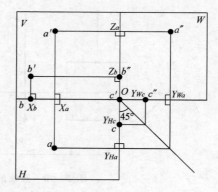

（a）点的三面正投影图

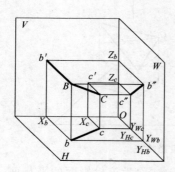
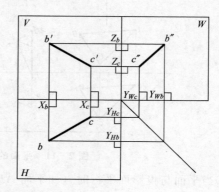

（b）直线的三面正投影图

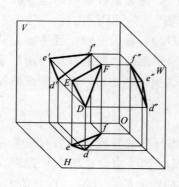
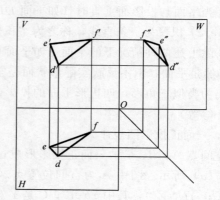

（c）平面的三面正投影图

图 2-12　点、线、面的三面正投影图

第二节   基本几何形体投影图

一、基本几何形体的正投影图

基本几何形体包括平面体和曲面体。

由几个平面所围成的形体称为平面体。常见的平面体包括棱柱体、棱锥体、棱台体等。

由曲面围成的形体或曲面与平面围成的形体称为曲面体。常见的曲面体有圆柱体、圆锥体、圆台体、球体等。

曲面（圆柱面、圆锥面、球面等）是直线或曲线按一定规律运动形成的轨迹。运动的线称为母线，母线的任一位置称为素线。

表2-1～表2-3分别表示柱体、椎体和台体的直观图和其正投影图。比较它们的形体、正投影图特征和规律，为将来正确识读工程图奠定基础。

表2-1   柱体（棱柱、圆柱）直观图、三面正投影特征

柱体		正投影图	直观图	形体、正投影图特征
棱柱体	三棱柱			棱柱形体特征： 　两底面为全等且相互平行的多边形，各侧棱垂直底面且相互平行，各侧表面均为矩形 棱柱投影特征： 　两底面投影为反映实形的多边形，且重合，另两个投影为矩形
	五棱柱			
	六棱柱			

柱体		正投影图	直观图	形体、正投影图特征
圆柱体	圆柱体			圆柱形体特征： 　　两底面为全等且平行的圆（半圆，1/4 圆），圆柱面可看作是直母线绕与它平行的轴线旋转而成，所有素线相互平行 圆柱投影特征： 　　两底面的投影为重合的圆（半圆，1/4 圆），另两个投影为矩形（矩形由处在不同位置的两条素线的投影与两底面积聚投影的直线围成）
	半圆柱体			
	1/4 圆柱体			

表 2－2　　　　　锥体（棱锥、圆锥）直观图、三面正投影特征

锥体		正投影图	直观图	形体、正投影图特征
棱锥体	三棱锥			正棱锥形特征： 　　底面为多边形，各侧表面均为有公共顶点的（等腰）三角形 正棱锥投影特征： 　　底面投影为反映实形的多边形，内有若干侧棱交于顶点的三角形，另两个投影为等高的三角形
	四棱锥			
	六棱锥			

锥体		正投影图	直观图	形体、正投影图特征
圆锥体	圆锥体			圆锥形体特征： 　　底面为圆（半圆、1/4 圆），圆锥面可看作是直母线绕与它相交的轴线旋转而成，所有素线交汇于圆锥顶 圆锥投影特征： 　　底面为圆（半圆、1/4 圆），另两个投影为三角形（三角形由处在不同位置的两条素线的投影和底面积聚投影的直线围成）
	半圆锥体			
	1/4圆锥体			

表 2-3　　　　台体（棱台、圆台）直观图、三面正投影特征

台体		正投影图	直观图	形体、正投影图特征
棱台体	三棱台			棱台形体特征： 　　两底面为相互平行的相似多边形，侧表面均为梯形 棱台投影特征： 　　底面投影为两个类似多边形，对应顶点有侧棱，另两个投影为梯形
	四棱台			

台体		正投影图	直观图	形体、正投影图特征
棱台体	六棱台			
圆台体	圆台体			圆台形体特征： 　　两底面为平行的圆（半圆，1/4 圆），圆台侧表面可看作直线母线绕与它倾斜的轴线旋转而成，所有素线延长后交于一点 圆台投影特征： 　　上、下底面的投影为两个同心圆（半圆、1/4 圆），另两个投影为梯形
	半圆台体			
	1/4 圆台体			

二、基本几何形体正投影图的绘图方法和步骤

绘制平面体的三面正投影图时，首先要按合理位置将形体放入三面正投影体系，让形体的表面和棱线尽量平行或垂直于投影面。绘制平面体的投影图就是作出围成该形体的各个表面或其表面与表面相交棱线的投影。作图时应注意投影中的积聚性和可见性。一般先画出反映底面实形的正投影图，然后再根据投影规律画出其他两个投影。

【例题 2-1】绘制正六棱柱的三面正投影图。

分析：图 2-13（a）所示形体是正六棱柱，上、下底面平行且为全等的正六边形，六个侧表面为矩形。将正六棱柱放入三面投影体系中，使上、下底面

与 H 投影面平行，前、后侧表面与 V 投影面平行。

作图：（1）在 H 面画出反映底面实形的正六边形，如图 2-13（b）所示。

（2）根据"长对正"和正六棱柱的高度，画出 V 面上的正立投影图，如图 2-13（c）所示。

（3）根据"高平齐，宽相等"画出 W 面上的侧立面图，并加深全图，如图 2-13（d）所示。

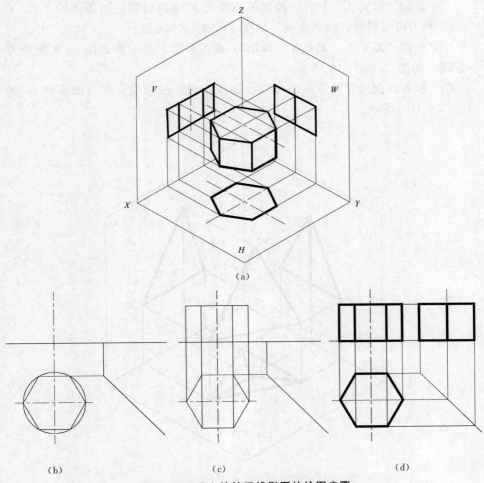

（a）

（b）　　　　　　（c）　　　　　　（d）

图 2-13　正六棱柱正投影图的绘图步骤

【例题 2-2】绘制正三棱锥的三面正投影图。

分析：正三棱锥的底面为正三边形，侧表面为三个相同的等腰三角形，通过顶点向底面作垂线，垂足在底面正三边形的中心，此垂线长度为正三棱锥的高。将正三棱锥放入三面投影体系中，底面平行于 H 面，且底边 BC 平行于 V 面。底面 ABC 为水平面，侧表面 SBC 为侧垂面，其余 2 个侧表面为一般位置平面，如图 2-14（a）所示。

作图：（1）在 H 面上画出反映底面实形的正三边形，三条侧棱的交点 s 是正三边形的中心，如图 2-14（b）所示。

（2）根据"长对正"和正三棱锥的高画出 V 面的投影，三条侧棱 $s'a'$、$s'b'$、$s'c'$ 均为可见棱线，故为实线，如图 2-14（c）所示。

（3）根据"高平齐、宽相等"画出 W 面的投影，其中侧表面 $s''c''b''$ 积聚为一直线，如图 2-14（d）所示。

（4）检查线面投影关系正确无误，加深图线，过程线保留（细实线），如图 2-14（e）所示。

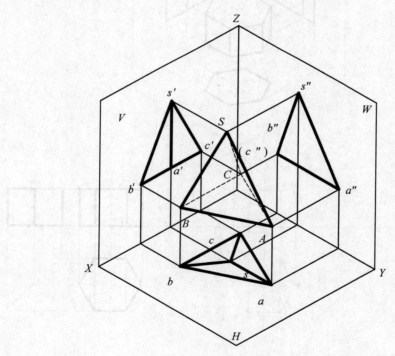

（a）

44

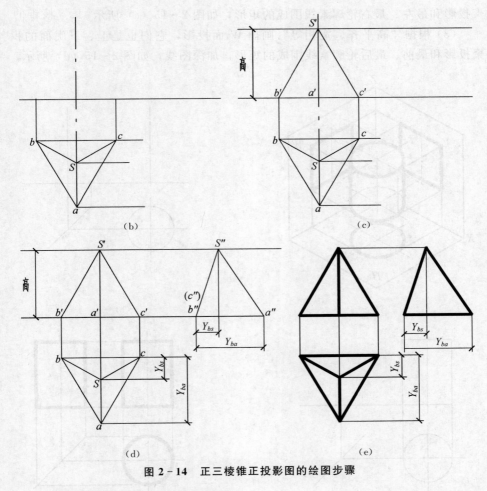

图 2 - 14　正三棱锥正投影图的绘图步骤

【例题 2 - 3】绘制圆柱体的投影图。

分析：绘制曲面体的投影时，不但要作出曲面边界线的投影，还要作出轮廓素线的投影。轮廓素线就是曲面向某一方向投射时，其可见部分与不可见部分的分界线。对于不同方向的投影，曲面上的轮廓素线是不同的。

作图：将圆柱体立放在三面投影体系中，使上、下底面平行于 H 面，圆柱面垂直于 H 面。如图 2 - 15 （a）所示。

作图步骤为：

（1）先作 H 面投影图，如图 2 - 15 （b）所示。

（2）根据"长对正"和圆柱的高作出 V 面投影，它们是由上、下底面的积聚投影和最左、最右轮廓素线围成的矩形，如图 2-15（c）所示。

（3）根据"高平齐、宽相等"画出 W 面投影，它们也是上、下底面的积聚投影和最前、最后轮廓素线围成的矩形，加深图线，如图 2-15（d）所示。

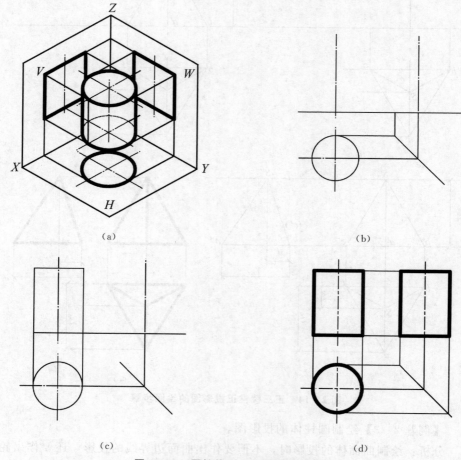

图 2-15　圆柱体正投影图的绘图步骤

【例题 2-4】绘制圆锥体的投影图。

作图：作法如图 2-16 所示。

三、基本几何形体表面点、线、面的投影规律

因为点、线、面的空间位置关系在现实生活当中比较抽象，现以一长方体为参照物，来研究点、线、面的空间位置关系和投影特征，这是确保能够正确

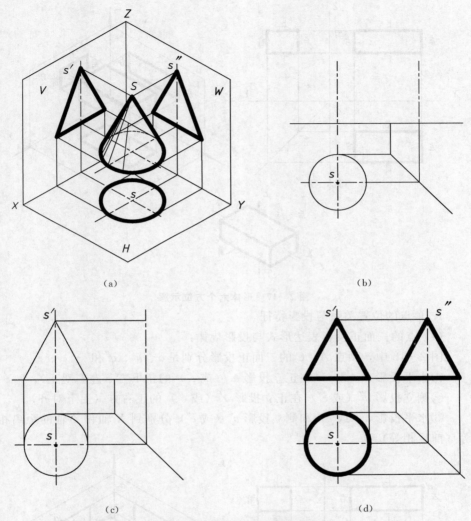

（a）

（b）

（c）

（d）

图 2－16　圆锥体投影图的绘制

理解形体投影图的基础，也是正确识图的关键所在。

　　如图 2－17 所示，在三维坐标体系当中，长方体有上、下、前、后、左、右六个方位和长、宽、高三个长度尺寸，对应的三个正投影图同样反映了形体的空间位置和尺寸关系。

　　在长方体表面，有 8 个顶点、12 个棱边和 6 个表面（上、下底面和 4 个侧面）。

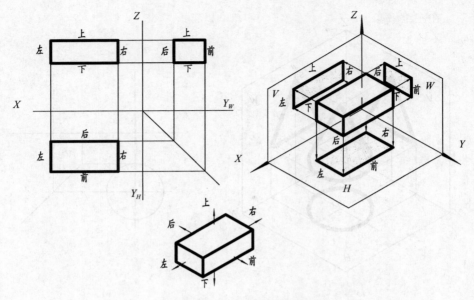

图 2-17　形体六个方位示意

1. 顶点的位置关系与投影特征

（1）点的三面正投影表达形式与投影规律：

图 2-18 中，顶点 A、C 的三面正投影分别是 a、a'、a'' 和 c、c'、c''。

①水平投影 a（或 c）在正立投影 a'（或 c'）的正下方（左右对正）。

②侧立投影 a''（或 c''）在正立投影 a'（或 c'）的正右方（上下对齐）。

③水平投影 a（或 c）和侧立投影 a''（或 c''）分别到 X 轴和 Z 轴的距离相等（前后相等）。

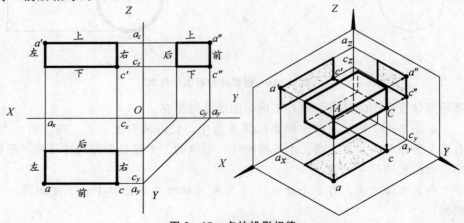

图 2-18　点的投影规律

48

在三维坐标体系中，X 轴表示空间的左右方向，Y 轴表示空间的前后方向，Z 轴表示空间的上下方向。

空间任意一点的三面正投影之间都存在上下对齐（正立投影和侧立投影）、左右对正（水平投影和正立投影）、前后相等的规律（水平投影和侧立投影）。

（2）顶点的空间位置关系及其投影关系特征：几何形体有前、后、左、右、上、下位置关系，顶点也同样具有。如图 2-19 所示，C 顶点在 A 顶点的右下方。如果把顶点 B、F 的三面投影表示出来会发现：A、B 两顶点的水平投影 a、b 重叠，称之为重影点。如：对于水平投影面而言，因为投射线自上而下，所以正上方的 A 点遮挡住了 B 点，A 的水平投影 a 在 B 的水平投影 b 上，我们把 A 称为可见点而 B 为不可见点。B 点的水平投影用双括号表示，即"(b)"示意为不可见投影点。

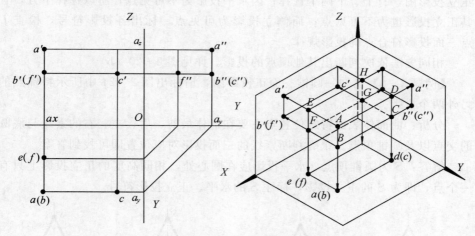

图 2-19　点的空间位置关系及投影特征

【例题 2-5】已知形体的三面正投影图，请标出图 2-20（a）中所示顶点的另外两个投影。

分析：确定形体上顶点的投影，必须结合形体的三面正投影图一起分析、判断。先根据给出的已知顶点投影符号表达的可见性，判断其在形体上的前后、左右、上下位置关系，再利用点的三面投影图规律，确定顶点的另外两个投影。

解答：A 顶点的水平投影 a 为可见点且在右前方，对应的正立投影只有一个选择。所以得出 A 顶点在形体的最右、前、下的位置。标出其正立投影和侧立投影（侧立投影为不可见点）。检查 A 点三面投影符合点的投影规律。D 顶点的水平投影为不可见点，可以判断在形体的最左、后、下方，对应于形体

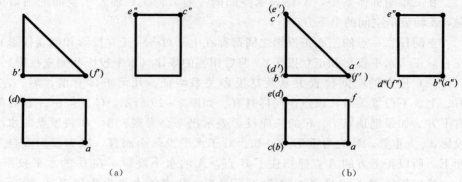

图 2 - 20　三棱柱顶点的投影

正立投影图，有上、下两个选择；因水平投影为不可见点，所以选择下方，且其正立投影也为不可见点；而侧立投影为可见点。标出各投影符号，检查 D 点三面投影符合点的投影规律。

相同方法依次判断出其他顶点的投影。详见图 2 - 20 （b）。

【例题 2 - 6】已知一圆锥三面正投影图，请标出图 2 - 21 中所示特殊点的另外两个投影。

分析：曲面体表面特殊位置点主要在形体最前、后、左、右的素线与底圆的交点以及圆锥顶点。正确判断素线的三面投影对应位置即可找到答案。

解答：S 为圆锥顶点，水平投影应在圆心处，相同高度的正立投影上只有一个点，即为 S 的正立投影，标注 S 的水平、正立投影符号。

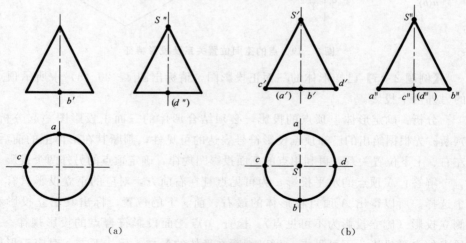

图 2 - 21　圆锥表面特殊点的投影

50

侧立投影（d''）为不可见点且在对称轴处，结合水平投影（或正立投影），得知该点在形体的最右方、最下方。标注其余投影（均为可见点）。

相同方法依次判断出其他顶点的投影，详见图2-21（b）。

2. 棱边的位置关系与投影特征

（1）长方体棱边的空间位置关系和投影特征：在图2-22中，AB、HG，BF、DH，BC、EH三组分别是长方体的棱边，而各顶点的三面投影都为已知，所以各棱边的三面投影即为同名投影两两相连的线段。如：AB棱边的水平投影为a（b），正立投影为$a'b'$，侧立投影为$a''b''$。

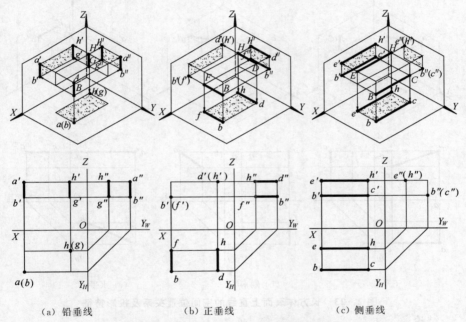

（a）铅垂线　　（b）正垂线　　（c）侧垂线

图2-22　棱边的空间位置关系及投影特征

这三组棱边都有一个共同的特点：垂直于某个投影面，称之为投影面的垂直线，且两两平行。

结论：

①垂直于 H 面的直线（棱边）叫铅垂线〔如图2-22（a）中的AB、HG〕，其投影特征为：水平投影积聚为一点，正立投影图和侧立投影图与Z轴平行（且反映实长）。

②垂直于 V 面的直线（棱边）叫正垂线〔如图2-22（b）中的BF、DH〕，其投影特征为：正立投影积聚为一点，水平投影图和侧立投影图与Y

轴平行（且反映实长）。

③垂直于 W 面的直线（棱边）叫侧垂线［如图 2－22（c）中的 BC、EH］，其投影特征为：侧立投影积聚为一点，正立投影图和水平投影图与 X 轴平行（且反映实长）。

（2）长方体表面上直线投影特征：如图 2－23 所示，这三条线都有个共同的特点：平行于某个投影面，而与另外两个投影面倾斜，称之为投影面的平行线。

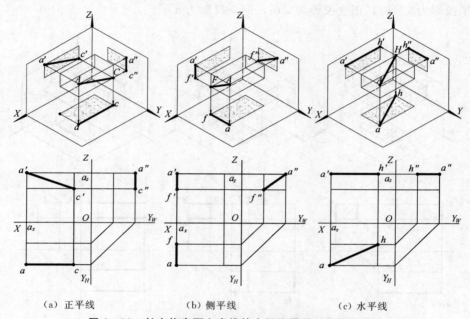

（a）正平线 　　　　（b）侧平线 　　　　（c）水平线

图 2－23　长方体表面上直线的空间位置关系及投影特征

结论：

①平行于 V 面的直线叫正平线。如图 2－23（a）中，AC 平行于 V 面，与 H 面和 W 面倾斜，所以其 V 面投影 $a'c'$ 反映 AC 实长，另外两个投影与 Y 轴垂直，即直线上所有点的 Y 坐标相同。

②平行于 W 面的直线叫侧平线。如图 2－23（b）中，AF 平行于 W 面，与 H 面和 V 面倾斜，所以其 W 面投影 $a''f''$ 反映 AF 实长，另外两个投影与 X 轴垂直，即直线上所有点的 X 坐标相同。

③平行于 H 面的直线叫水平线。如图 2－23（c）中，AH 平行于 H 面，与 V 面和 W 面倾斜，所以其 H 面投影 ah 反映 AH 实长，另外两个投影与 Z 轴垂直，即直线上所有点的 Z 坐标相同。

所以在三个投影当中，有两个投影垂直同一个坐标轴（即直线上的点到投影面的距离相等，所以平行该投影面）。

　　【例题2-7】已知形体正投影图，标出图2-24中所示棱边的投影，说明各棱边的位置、名称及投影特征。

　　分析：确定棱线的投影，实际是确定棱线两端点的投影。同时要结合特殊位置直线的投影规律，检验结果的正确性。

　　解答：根据对顶点 S、A 的投影分析，标出 SA 棱线的三面正投影，如图 2-24（b）所示。分析其投影特征得知：SA 的位置名称是侧平线。其侧立投影反映实长，另外两个投影是与 X 轴垂直的直线（直线上所有点到 W 投影面的距离都相等，即 X 坐标相等）。

　　同理标出 AB 棱边的三面正投影，如图 2-24（c）所示。分析其投影特征得知：AB 的位置名称是正垂线。其水平投影和侧立投影均反映实长，正立投影积聚为一点。

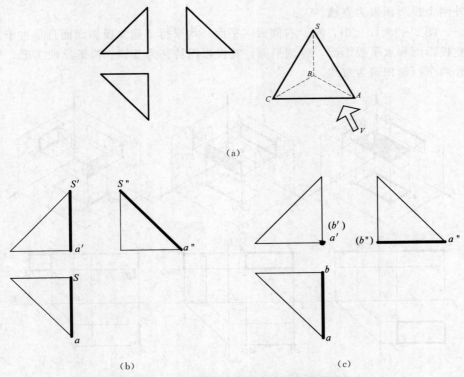

图 2-24　三棱锥棱边的位置关系及投影特征

　　（3）形体表面（平面）的空间位置关系与投影特征：如图 2-25（a）所
示，四棱柱上、下底面（平面）均平行于水平投影面而且垂直于正立投影面和
侧立投影面，称水平面。其投影图特征为水平投影反映实形，另外两个投影积
聚为直线。

　　图 2-25（b）中，前、后侧面（平面）均平行于正立投影面而且垂直于
水平投影面和侧立投影面，称正平面。其投影图特征为正立投影反映实形，另
外两个投影积聚为直线。

　　图 2-25（c）中，左、右侧面（平面）均平行于侧立投影面而且垂直于正
立投影面和水平投影面，称侧平面。其投影图特征为其侧立投影反映实形，另
外两个投影积聚为直线。

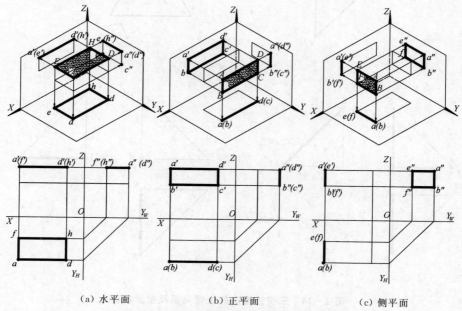

（a）水平面　　　　　　　（b）正平面　　　　　　　（c）侧平面

图 2-25　表面的空间位置关系及投影特征

【例题 2-8】已知一形体三面正投影图，确定形体各表面的投影，说明各自的位置名称和投影特征。

分析：根据判断顶点的投影方法确定各顶点投影。利用平面投影规律和特征确定各表面位置名称。

解答：首先在正投影图中标出各顶点投影符号。

表面 SAB 的三面正投影图中，水平投影和正立投影均为三角形，侧立投影积聚为直线，确定该表面为侧垂面，详见图 2-26（b）。

表面 SAD 的三面正投影图中水平投影和正立投影均积聚为直线，侧立投影为直角三角形，确定该表面为侧平面，其侧投影图反映实形，详见图 2-26（c）。

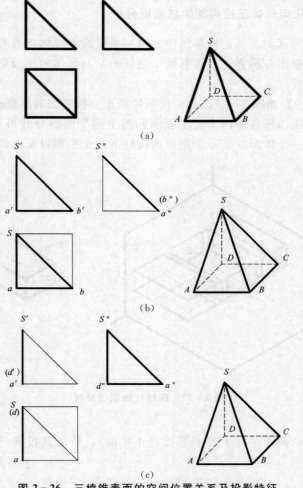

图 2-26 三棱锥表面的空间位置关系及投影特征

其余形体表面按上述方法分析确定，将结果填入表2-4内。

表 2-4　　　　　　　　　　形体表面的投影特征

形体表面	平面名称	投影特征（实形、类似形、积聚线）		
		水平投影	正立投影	侧立投影
SAB				
SBC				
SAD				
SCD				
ABCD				

四、基本几何形体正投影图的线框图分析

基本几何形体的三面正投影图中的每一条线或者线框都有实际含义，正确学习和掌握线框图分析方法，将有助于更好地学习形体的正投影规律和制图方法，做到举一反三。

【例题2-9】如图2-27，分析正四棱柱正立投影图的线框图。

分析：把正四棱柱的两个上下底面和四个侧平面拆分开可以清晰地看出，正立投影图（一个矩形）实际上是正四棱柱上六个平面投影图的叠加。

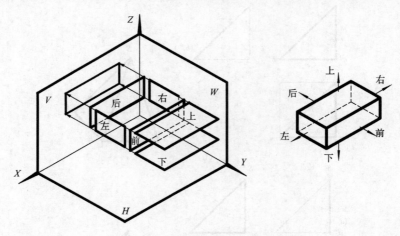

图 2-27　四棱柱线框图分析

解答：

①前、后两侧面平行于 V 投影面（正平面），所以其投影反映实形，仍为矩形且重合。

②左、右两侧面均垂直于 V 投影面（侧平面），所以其投影均积聚为一条直线，叠加在矩形的两个侧边。

③上、下两底面也垂直于 V 投影面（水平面），其投影也均积聚为一条直线，叠加在矩形的上下两个边。

【例题 2-10】如图 2-28，分析直角三棱柱正投影图中线框图的含义。

图 2-28　直角三棱柱正投影图和直观图

解答：首先分析正立投影图。

将直角三棱柱表面分解成 5 个平面，如图 2-29 所示，其中 M、N 平面平行于 V 投影面（正平面），其正立投影反映直角三角形实形和大小且重叠，N 平面在前，其投影为可见面，而 M 平面在后，为不可见面；P、Q 面相互垂直且均垂直于 V 投影面（其中，P 为水平面，Q 为侧平面），因此其正立投影均积聚为直线且分别叠加在两条直角边上；R 平面也垂直于 V 面（正垂面），其正立投影也积聚为直线且叠加在斜边上；5 个平面的正立投影叠加为直角三角形。

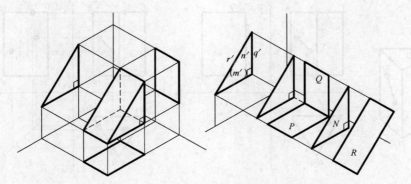

图 2-29　直角三棱柱线框图分析

水平投影图分析：

①P 平面平行于 H 投影面，其投影反映实形和大小，为矩形。

②M、N、Q 平面垂直于 H 投影面，其投影积聚为直线。

③R 平面与 H 投影面既不垂直也不平行，其投影为类似形，R 平面是四边形，其投影也为四边形。

侧立投影图请读者们自己分析。

五、基本几何形体表面上点、线的投影作图步骤

1. 平面体表面上点和线的投影

确定平面体表面上点和直线的投影，首先要判断点或直线所在棱线或表面的可见性。其投影特性为：

（1）形体表面上的点和线的投影应符合点和直线的投影特点。

（2）凡是形体可见棱线和表面，其上的点或线同样可见，反之则不可见。

（3）有积聚性的棱线或表面的点或线视为可见点或线。

【例题 2-11】已知正三棱柱上底面 ABF 上点 G 的 H 面投影 g，侧表面 $ABCD$ 上直线 MN 的 V 面投影 $m'n'$，如图 2-30（a）所示，求作 G 和 MN 的其他两面投影。

分析：已知底面 ABF 上 G 点水平投影，利用 ABF 正立投影图的积聚线（水平面）求出 G 点正立投影图 g'，再作图得到 g''。已知侧表面 $ABCD$ 上直线 MN 的正立投影图，利用 $ABCD$ 平面水平投影的积聚性，先求出直线 MN 的水平投影 mn，再作图求出其侧立投影 $m''n''$（注意判断其可见性）。

作图：作法如图 2-30（b）所示。

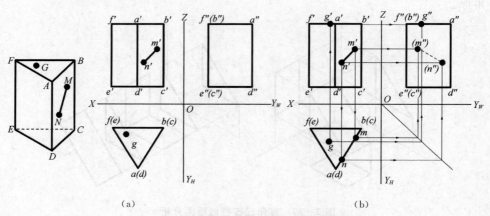

图 2-30　三棱柱表面上点和直线的投影

【例题 2-12】已知正三棱锥侧表面 SAB 上点 M 的 V 面投影 m'，如图 2-31（a）所示，求作点 M 的其他两面投影。

分析：因 M 所在侧表面 SAB 是一般位置平面，所以要在 SAB 上作通过 M 点的辅助线，先作图求出辅助线的投影图，再作图求出 M 点的投影。

作图：作法如图 2-31（b）所示。

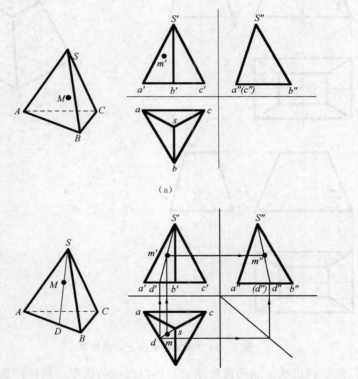

（a）

（b）连接 $s'm'$ 交 $a'b'$ 于 d'，再分别求得 d、d''，连接 sd、$s''d''$，则 m、m'' 必在 sd、$s''d''$ 上

图 2-31　三棱锥体表面上点的投影

【例题 2-13】已知四棱台表面上的点 M、N、P 的一个投影 m'、n、p，如图 2-32 所示，求作点 M、N、P 的其他两面正投影。

分析：因 M 所在侧表面 $CDHG$ 是一个侧垂面，且在形体最后面，其正投影图为不可见面，先利用侧垂面的侧立投影的积聚性，作图求出 M 点侧投影 m''，再求水平投影 m；而 N 所在的棱台顶面 $EFGH$ 是水平面，该顶面的另外两个投影均积聚成一条直线，所以可以直接作图求出 N 点的另外两个投影。P 点所在的棱台底面 $ABCD$ 也是水平面，同理作图求得 P 点的两个投影。

作图：作法如图 2-32 所示。

2. 曲面体表面上点和线的投影

在曲面体表面上取点与在平面体表面上取点类似，即通过该点在曲面上作

59

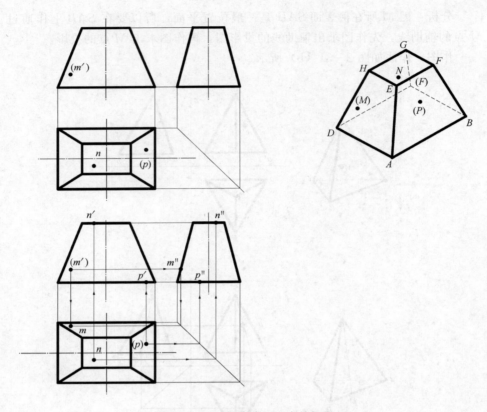

图 2-32 四棱台表面上点的投影

辅助线，然后利用线上点的投影原理，作出该点的投影。具体作法是：

（1）处于特殊位置上的点，如圆柱和圆锥的最前、最后、最左、最右轮廓素线，底边圆周及球体平行于三个投影面的最大圆周等位置的点，可直接利用轮廓线上求点的投影方法求得。

（2）处于其他位置的点，可利用曲面体投影的积聚性，用素线法或纬圆法求得。

作曲面体表面上线的投影时，可先作出线段首尾点及中间若干点的三面投影，再用光滑的曲线连接起来即可。

曲面体上点和线的可见性与曲面的可见性有关，可见曲面上的点和线是可见的，反之是不可见的。

【例题 2-14】已知圆柱体表面上点 A 的投影 a'，点 B 的投影 b'，下底面上点 C 的投影 c'，求作点 A、B、C 的其他两面投影。

作图：作法如图 2 – 33 所示。

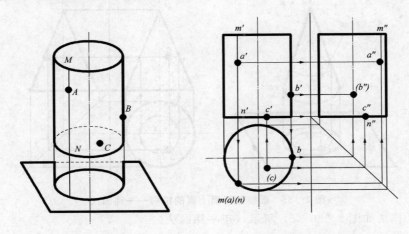

（a）圆柱面上的点　　　　　　　（b）投影图

图 2 – 33　圆柱体表面上点的投影

【例题 2 – 15】已知圆锥体表面上点 A 的投影 a'，求作点 A 的其他两面投影。

作图：①作法如图 2 – 34 所示（素线法）。

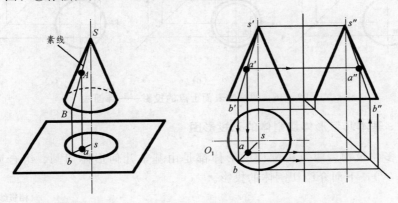

图 2 – 34　圆锥体表面上点的投影——素线法

②作法如图 2 – 35 所示（纬圆法）。

【例题 2 – 16】已知圆球体表面上点 M 的投影 m'，求作点 M 的其他两面投影。

作图：①作法如图 2 – 36（a）所示（侧平纬圆法）。

②作法如图 2 – 36（b）所示（水平纬圆法）。

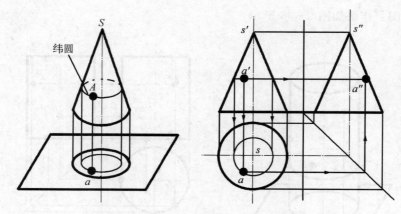

图 2-35　圆锥体表面上点的投影——纬圆法

③作法如图 2-36（c）所示（正平纬圆法）。

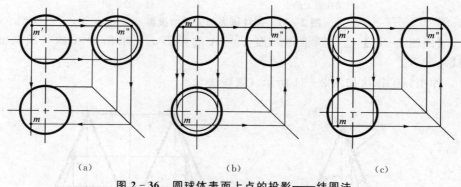

（a）　　　　　　　　　　（b）　　　　　　　　　　（c）

图 2-36　圆球体表面上点的投影——纬圆法

六、基本几何形体切割体的正投影图

许多建筑物、建筑构配件的形体都是由基本几何形体切割、组合而成的
（图 2-37），下面介绍切割体的投影。

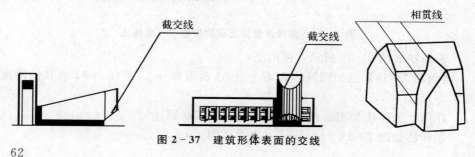

图 2-37　建筑形体表面的交线

1. 平面体的切割体投影图

被平面切割后的形体，称为切割体；切割形体的平面，称为截平面；截平面与形体表面的交线，称为截交线；截交线所围成的平面图形，称为截断面。如图 2 - 38 所示。

求作切割体的投影，实际上主要是求作截交线的投影。

平面与平面立体相交，其截交线是平面多边形，从图 2 - 39（a）可看出，多边形的顶点是截平面与被截棱线的交点，即立体被截断几条棱，那么截交线就是几边形。截交

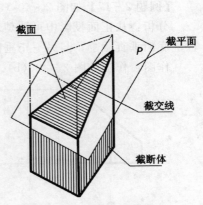

图 2 - 38　切割体与截平面

线是截平面与立体表面的共有线。由此，得出求平面体截交线的方法是：求出平面体的棱线与截平面的交点，然后按可见与不可见，用实线或虚线将这些点依次连成多边形，即可得到平面与平面体相交的截交线。

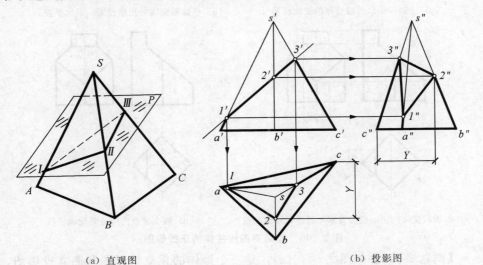

（a）直观图　　　　　　　　　　　　　　　　　（b）投影图

图 2 - 39　正垂面与三棱柱相交

【温馨提示】

作切割体的投影图时，通常先将其投影图还原成原始投影图（未切割前投影图），再作切割面与形体表面交线的投影。

常见切割体的切割平面多选特殊位置的平面如投影面的垂直面或平行面，因此，作图时要利用特殊位置平面的投影特征（积聚性和显实性）。

【例题 2-17】如图 2-40（a）所示，求作四棱柱的截交线。

分析：从正面投影中可清楚地看到，有两个截平面，一个是侧平面与四棱柱上底面垂直截割，与另一正垂截平面（切割四棱柱的四个侧表面）相交。

作图：作法如图 2-40（b）、（c）、（d）所示。

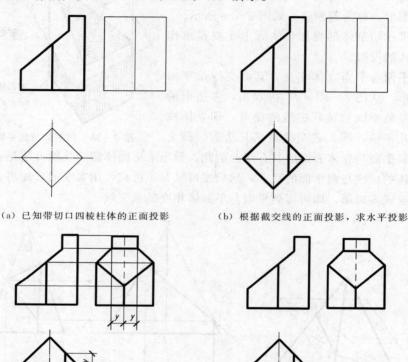

（a）已知带切口四棱柱体的正面投影　　　（b）根据截交线的正面投影，求水平投影

（c）根据截交线的正面投影及水平投影，求侧面投影　　　（d）擦去多余的线条并加深图线

图 2-40　作切割四棱柱体的正投影图

【例题 2-18】如图 2-41（a），是三个形体的正立投影图和侧立投影图，求作它们的水平投影图，讨论三个形体截面水平投影与其对应的侧立投影关系。

分析：从正立投影图中清楚地看到，三个形体的截平面均为正垂面，求三个切割棱柱体的水平投影，实际上是求作三个形体截断面的投影。根据特殊位置平面的投影特征可知，截断面的水平投影必须是侧立投影的类似形。

作图：作法如图 2-41（b）、（c）、（d）所示。

64

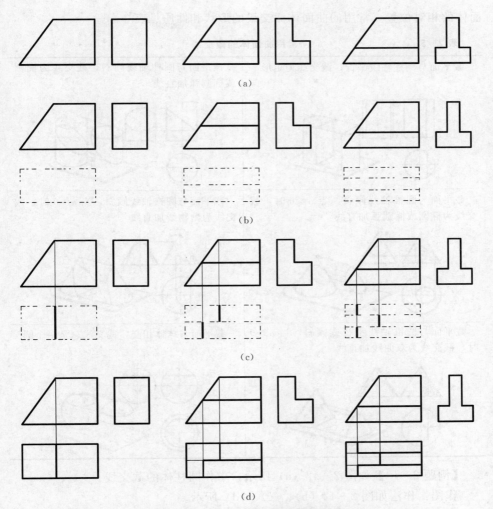

图 2-41 作切割棱柱体的正投影图

2. 曲面体的切割体投影图（截平面为特殊位置平面）

曲面体被平面切割时，其截交线一般为平面曲线，特殊情况下是直线。曲面体截交线上的每一点，都是截平面与曲面体表面的共有点，因此求出它们的一些共有点，并依次光滑连接，即可得到截交线的投影。截交线上的一些能确定其形状和范围的点，如最高、最低点，最左、最右点，最前、最后点，以及可见与不可见的分界点等，都是特殊点。作图时，通常先作出截交线上的特殊点，再按需要作出一些中间点，并要注意投影的可见性。

平面切割曲面体时，截交线的形状取决于曲面体表面的形状和截平面与曲面体的相对位置。常用的曲面体截交线的形状和性质见表 2-5。

截平面与圆柱轴线平行，截交线为矩形 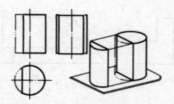	截平面与圆柱轴线倾斜，截交线为椭圆或椭圆弧加直线 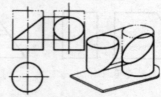
截平面与圆锥轴线倾斜，当 $\alpha<\theta$ 时，截交线为椭圆或椭圆弧加直线 	截平面与圆锥轴线倾斜，当 $\alpha=\theta$ 时，截交线为抛物线加直线 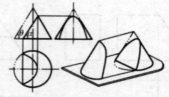
截平面与圆锥轴线平行或倾斜，当 $\alpha>\theta$ 时，截交线为双曲线加直线 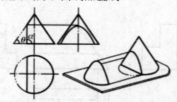	截平面与球体相交，截交线总是一个圆 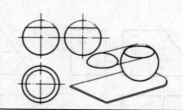

【例题 2-19】 如图 2-42（a）所示，求作圆柱体的截交线。

作图：作法如图 2-42（b）、（c）、（d）所示。

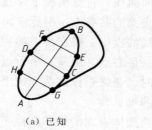

（a）已知　　　　　　　　　　　　　　　（b）绘制原体和截平面位置的投影图

66

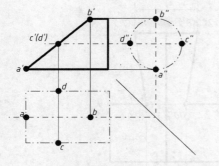
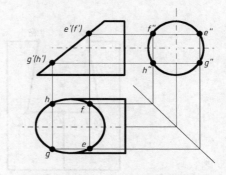

（c）求截交线上特殊点 A、B、C、D 的投影   （d）求中间点 E、F、G、H 的投影，擦
去多余图线，依次光滑连接各点

图 2-42 作圆柱体的截交线

3. 带切口立体的投影

立体被几个相交的平面截切时，就会在立体上形成不同形状的切口（图 2-43）。

画这种带切口立体的投影时，关键是要把切口轮廓线的投影表达清楚。而画切口轮廓线的投影，其实质就是求作切口平面与立体的截交线，不过此时截平面不是一个，而是数个，切口的截交线就是数条截交线的组合，因此需要对数个截平面逐个分析，求出它们与立体的交线，才能逐步画出切口的投影。

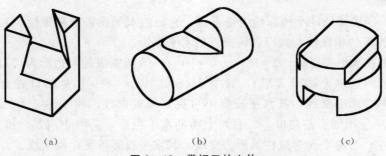

（a）   （b）   （c）

图 2-43 带切口的立体

【例题 2-20】完成带切口的四棱柱的投影（图 2-44）。

分析：从正面投影中可看出，四棱柱上部中间的位置被切出一个梯形切口，该切口可看成是由三个截平面截切四棱柱而形成的，左、右两个截平面是正垂面，下面的截平面是水平面，切口截交线的正面投影全部积聚在各截平面的正面迹线上。

作图：

67

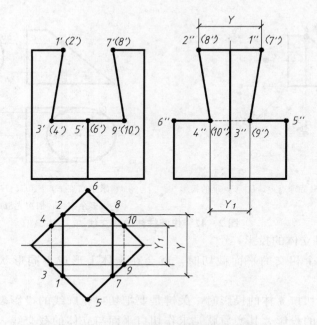

图 2-44 求作四棱柱上梯形切口的投影

（1）在正面投影切口的各个转折处标出切口截交线各转折点或称结合点的正面投影。

（2）四棱柱的四个棱面均为铅垂面，它们的水平投影有积聚性。利用各棱面水平投影的积聚性，找出各转折点的水平投影。

（3）在水平投影中，5—3—4—6—10—9—5 所围成的六边形为切口底面的水平投影（反映六边形实形），其中 3′（4′）和 9′（10′）是切口底面与切口左、右两个面的交线，其水平投影不可见，画成虚线。而 1—3—4—2 和 8—10—9—7 所围图形是切口左、右两个面的水平投影，其中 1′（2′）和 7′（8′）是切口左、右两个面与棱柱顶面的交线，其水平投影可见，画实线。

（4）确定了各转折点的正面投影及水平投影，根据投影关系可求出各点的侧面投影。切口底面的侧投影积聚成水平位置的直线，其中间一段 3″4″ 和（9″）（10″）重影，且被挡在切口内部，故不可见，以虚线画出。1″3″、2″4″、（7″）（9″）、（8″）（10″）是切口左、右两个截平面与四棱柱各棱面的交线，其中 1″3″ 和（7″）（9″）重影，2″4″ 和（8″）（10″）重影。

图 2-43（a）为切口棱柱的直观图。

68

七、单一形体的尺寸标注

1. 基本形体尺寸标注

基本平面体尺寸标注一般应注长、宽、高尺寸；而曲面体通常标注形体的高和回转体的形状尺寸（图 2-45）。

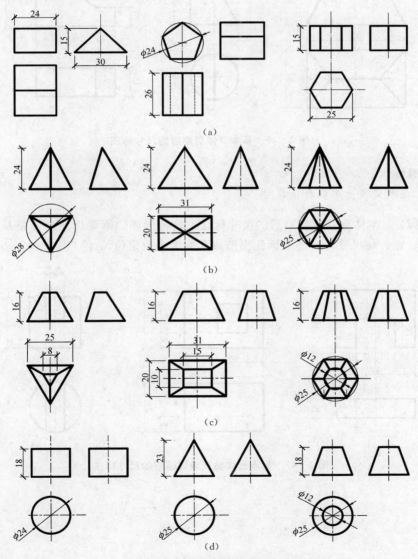

图 2-45　基本形体的尺寸标注

2. 切割体的尺寸标注

（1）基本体切割后的尺寸（图2-46）。

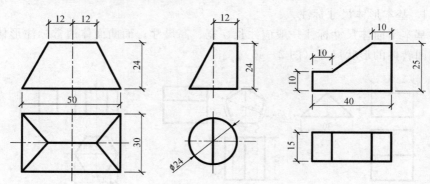

图 2-46　基本形体切割后的尺寸标注

【温馨提示】

在截交线上不能标注尺寸。

（2）基本体穿孔或切槽后的尺寸标注：这种形体除需要标注出完整基本形体长、宽、高尺寸外，还应标注出槽或孔的大小及定位尺寸（图2-47）。

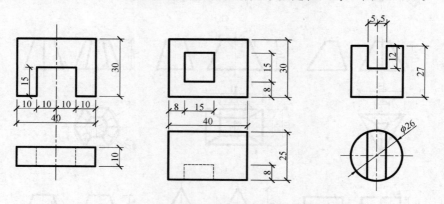

图 2-47　基本形体钻孔或切槽后的尺寸标注

第三节 组合形体投影图

一、组合体的组合类型及其表面连接关系

1. 组合体的组合类型

常见的组合体有三种组合类型，即叠加式组合体、切割式组合体和混合式组合体，详见图 2-48。

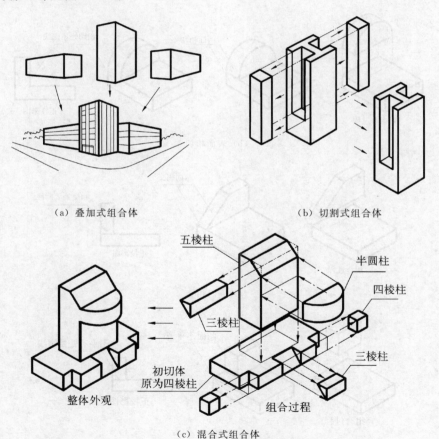

（a）叠加式组合体   （b）切割式组合体

（c）混合式组合体

图 2-48 组合体的组合类型

2. 组合体表面连接关系

两基本形体组合后，相邻位置不同，其表面连接关系则不同。如图 2 - 49 所示，具体分为四种方式，即表面平齐、表面相切、表面相交和表面不平齐。其中，前两者形体相交接处无线，而后两者存在交线或面。

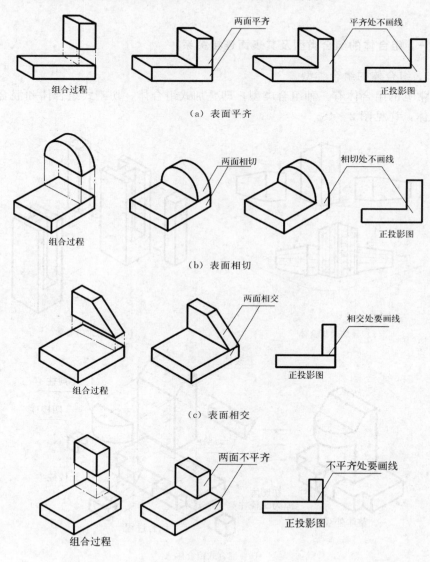

（a）表面平齐

（b）表面相切

（c）表面相交

（d）表面不平齐

图 2 - 49　组合体表面连接关系

72

二、组合体投影图的绘制

1. 组合体三面正投影图的形成及其投影规律

如图 2－50 所示为组合体的三面正投影图的形成过程。其三面正投影图仍符合"长对正，高平齐，宽相等"的投影原理。这种投影对应关系既适合整个组合体的总长、宽、高，也适合组成组合体的每一个基本形体的长、宽和高。

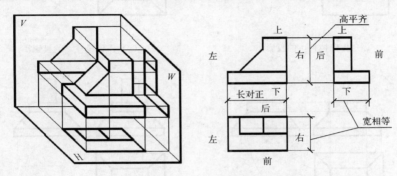

图 2－50　组合体正投影图的形成过程及其投影规律

2. 组合体投影图的绘制步骤

组合形体变化多样，为了能够全面反映形体主要特征，准确表达形体组合关系，通常先进行形体分析；其次选择组合体合适的摆放位置（保证正面投影图反映形体特征且为自然平衡状态）；确定图幅和比例，绘制正投影图底图；检查、校核投影图（包括形体长、宽、高投影对应关系，基本形体组合后表面连接关系，形体组合后面、线可见性）；加深完成图样线（可见完成图样线为粗实线，不可见线为细虚线）；根据要求标注形体尺寸。

根据组合形体的组合类型，分别用不同的作图方法完成其正投影图。

【例题 2－21】如图 2－51 所示，为一钢筋混凝土独立基础，作其正投影图。

分析：该组合体由四个基本形体叠加而成，最下部分为四棱柱 1，在它的上面依次为四棱台 2，四棱柱 3，四棱柱 4。

作图：作图过程如图 2－52 所示。

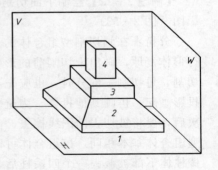

图 2－51　叠加型组合体

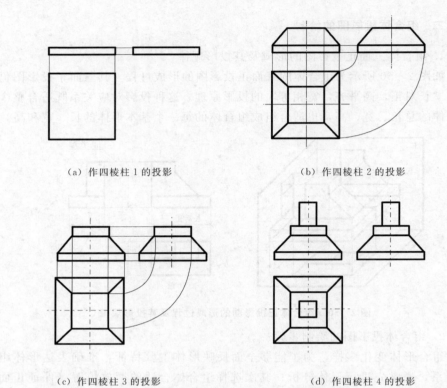

（a）作四棱柱 1 的投影　　　　　　　　　（b）作四棱柱 2 的投影

（c）作四棱柱 3 的投影　　　　　　　　　（d）作四棱柱 4 的投影

图 2-52　叠加型组合体投影图的画法

【例题 2-22】绘制下面切割型组合体的三面投影图（图 2-53）。

分析：在画切割型组合体的三面图时，应先进行形体复原，画出未切割前的形体投影，然后依次切割，每切割一部分时，也应先从这一形体的特征投影画起，再画其他投影。为避免错误，每切割一次后，要将被切去的图线擦去。其余的作图与叠加型组合体基本相同。该组合体可以理解为原始的四棱柱体下部被截去一个四棱柱后，又被一侧平面切割而成，详见图 2-54。

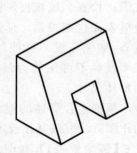

图 2-53　切割型组合体

作图：步骤如图 2-55 所示。

【例题 2-23】作出图 2-56 所示混合型组合体的投影图。

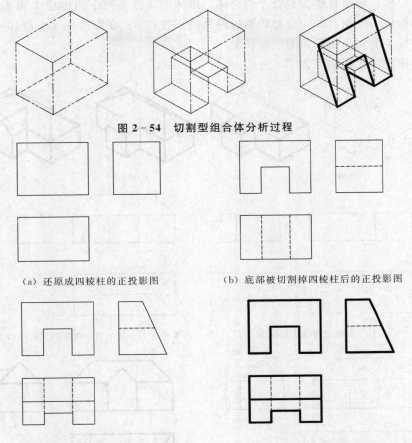

图 2－54　切割型组合体分析过程

（a）还原成四棱柱的正投影图　　　　（b）底部被切割掉四棱柱后的正投影图

（c）被侧垂面切割后的正投影图　　　　（d）检查无误后加深图样线

图 2－55　切割型组合体正投影图作图过程

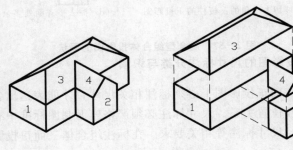

图 2－56　混合型组合体

75

分析：该组合体为混合型组合体，形体下半部是两个四棱柱 1 和 2；其中在四棱柱 1 上面叠加一个被切割过两角的三棱柱 3；在四棱柱 2 上叠加一个被四棱柱 3 上侧垂面截切的三棱柱 4。

作图：过程如图 2-57 所示。

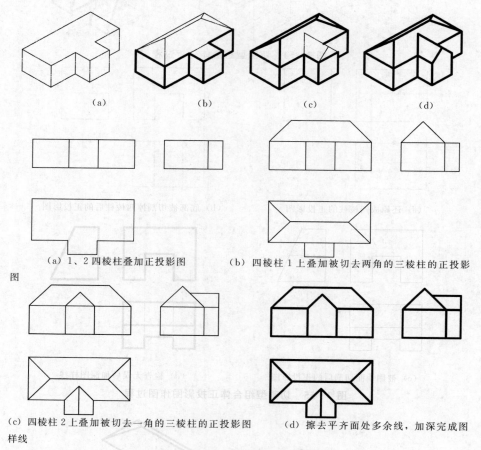

（a）　　　　　（b）　　　　　（c）　　　　　（d）

（a）1、2 四棱柱叠加正投影图

（b）四棱柱 1 上叠加被切去两角的三棱柱的正投影图

（c）四棱柱 2 上叠加被切去一角的三棱柱的正投影图样线

（d）擦去平齐面处多余线，加深完成图

图 2-57　混合型组合体投影图的画法

三、组合体投影图的尺寸标注分类与识读

在组合体的三面正投影图上必须标注相关尺寸，才能表达出各组成部分的形体大小及其相互位置关系。尺寸标注必须严格遵循制图标准中有关长度尺寸标注、直径和半径尺寸标注等相关要求。在标注组合体三面正投影图时仍需进行形体分析。

1. 组合体三面正投影图中的尺寸标注分类

为保证所注尺寸完整无缺，可以利用形体分析法对组合体的尺寸进行分析，将尺寸分为三类：总体尺寸、定形尺寸和定位尺寸。

（1）总体尺寸：确定组合体总长、总宽、总高的尺寸。如图 2-58（a）所示，组合体的总长为 63，总宽为 43，总高为 54。

（2）定形尺寸：确定组合体中各基本体形状大小的尺寸。如图 2-58（b）所示，墙体为四棱柱，其长、宽、高分别是 63、12、54；门洞口定形尺寸 22、12、27+R11；室外台阶是四棱柱，其定形尺寸为 34、25、6；台阶挡墙是一五棱柱，其定形尺寸如图 2-58（b）所示。

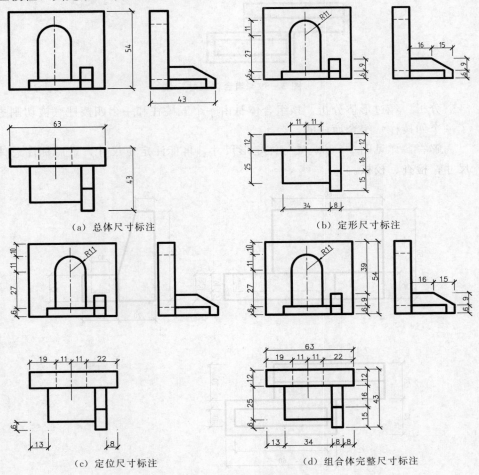

（a）总体尺寸标注   （b）定形尺寸标注

（c）定位尺寸标注   （d）组合体完整尺寸标注

图 2-58 组合体尺寸标注

（3）定位尺寸：确定组合体中各基本体之间相对位置的尺寸。如图 2-58

（c）所示，门洞定位尺寸是水平方向 19、高度方向 6；台阶和挡墙的定位尺寸
详见图中所示。

【例题 2-24】标注图 2-59 所示组合体尺寸。

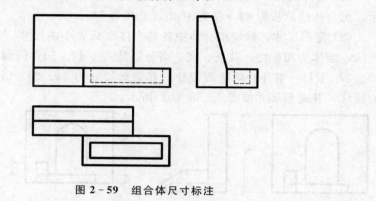

图 2-59 组合体尺寸标注

分析：经过形体分析，该组合体是由一个五棱柱和一个四棱柱（被切割去
了一个四棱柱）组合而成的。

解答：详见图 2-60，先标注定形尺寸，再标注定位尺寸，最后标注总体
尺寸；检查、校核。

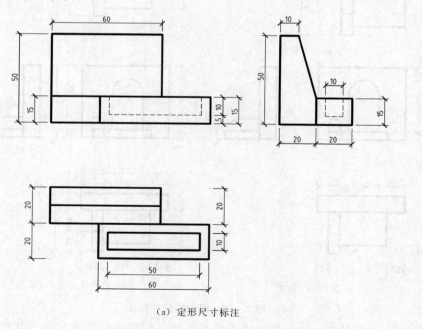

（a）定形尺寸标注

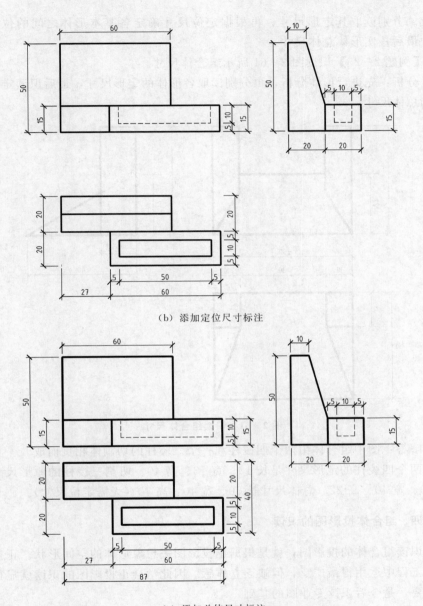

（b）添加定位尺寸标注

（c）添加总体尺寸标注

图 2 - 60 组合体尺寸标注步骤

2. 组合体尺寸标注识读方法

进行组合体尺寸识读时，首先应进行形体分析，确定是由哪几个基本形体组成。分别读取其定形尺寸，再根据定位尺寸确定各基本形体之间的位置关系，最后核实形体总体尺寸。

【例题2-25】识读图2-61所示组合体尺寸。

分析：先进行形体分析，再分别读取各形体的定形尺寸，最后识读定位尺寸和总体尺寸。

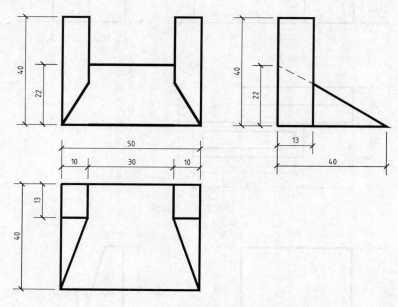

图 2-61　识读组合体尺寸

解答：图中组合体由两个四棱柱和一个三棱柱的切割体相贯而成。

两个四棱柱的定形尺寸是长10、宽13、高40。切割三棱柱的原形尺寸是长50、宽40、高22。总体尺寸长50、宽40、高40（无需定位尺寸）。

四、组合体投影图的识读

识读组合体的投影图，就是根据正投影图去想象形体的空间形状。正投影图在工程中运用得最广泛，但缺乏立体感。因此学会正投影图的识读就显得十分重要，是今后识读专业图的基础。

识读组合体的正投影图有一定的难度，识读时不但要以点、直线、平面的投影理论为基础，而且还要掌握识图的基本要领和正确的读图方法。读图时，要注意把各个投影联系起来，不能只看其中的一个或两个投影。其次，读图时还要从形体的前后、上下、左右各个方位进行分析，并注意形体长、宽、高三个向度的投影关系，即"长对正，高平齐，宽相等"，这样才能正确判断出形体各个部分的形状和相互位置。

识读组合体投影图的基本方法有形体分析法和线面分析法两种，一般以形体分析法为主，当图形比较复杂时，也常用线面分析法。

1. 形体分析法

形体分析法是绘图、识读的基本方法。这种方法是以基本形体的投影特点为基础，把一个复杂的形体分解成若干个基本形体，并分清它们的相对位置和组合方式，然后将几个投影图联系起来，综合想象出形体的完整形状。

【例题2-26】识读图2-62所示组合体投影图。

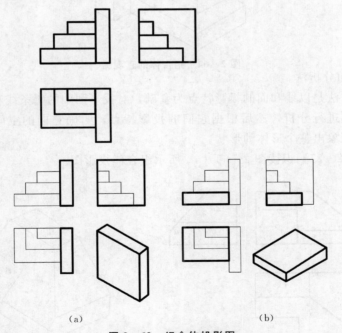

(a)   (b)

图2-62 组合体投影图

解答：识读过程如图2-63所示，最后想象出该组合体的空间形状，如图2-64所示。

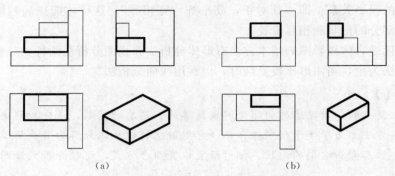

（a） （b）

图 2-63 形体分析法识读过程

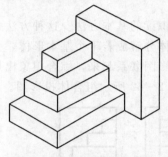

图 2-64 组合体的直观图

2. 线面分析法

这种方法是以线和面的投影特点为基础，对投影图中的每条线和由线围成的各个线框进行分析，然后根据它们的投影特点，明确它们的空间形状和位置，综合想象出整个形体的形状。

【例题 2-27】识读图 2-65（a）所示组合体投影图。

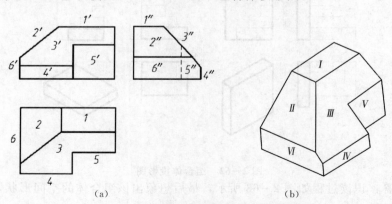

（a） （b）

图 2-65 用线面分析法识读组合体投影图

分析：从图中可以看出，H 面投影有三个线框 1、2、3，根据投影关系在 V 面投影和 W 面投影中确定 $1'$、$2'$、$3'$ 和 $1''$、$2''$、$3''$。V 面投影的三个线框中除已标定的 $3'$ 外，还有两个线框 $4'$、$5'$。根据投影关系，可在 H 面投影和 W 面投影中确定 4、5 和 $4''$、$5''$。W 面投影的两个线框除已标定的 $2''$ 外，还有线框 $6''$，同理可在 H 面投影和 V 面投影中确定 6、$6'$。

平面 Ⅰ 是水平面，在形体的最上部；平面 Ⅱ 是正垂面，在形体的左上部；平面 Ⅲ 是侧垂面，在形体的前上部；平面 Ⅳ 是正平面，在形体的左前部；平面 Ⅴ 也是正平面，在形体的右前部；平面 Ⅵ 是侧平面，在形体的最左侧。

解答：由以上对六个面空间位置的分析，想象出该形体的空间形状，如图 2-65（b）所示。

【例题 2-28】求作同坡屋面的投影图。

分析：同坡屋面是房屋建筑屋顶设计中常用的一种屋面形式，同坡屋面的交线是两平面体相贯的实例。

当屋面由若干个与水平面倾角相等的平面组成时，称为同坡屋面。其中，檐口高度相同的同坡屋面是最常见的一种形式。同坡屋面的交线，如图 2-66 所示。

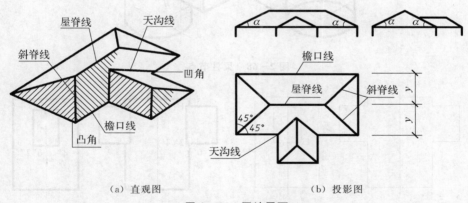

（a）直观图　　　　　　　　　　　　（b）投影图

图 2-66　同坡屋面

解答：同坡屋面投影图的画法，如图 2-67 所示。

【例题 2-29】求作梁柱节点的相贯线。

分析：从图 2-68 可以看出，矩形梁和圆柱相贯，它们的表面有相贯线。

解答：相贯线的作法，如图 2-69 所示。

83

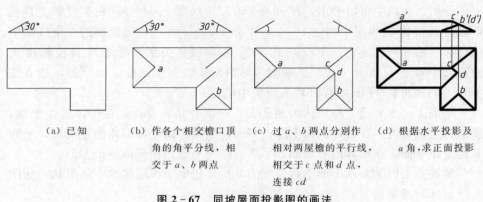

(a) 已知

(b) 作各个相交檐口顶角的角平分线，相交于 a、b 两点

(c) 过 a、b 两点分别作相对两屋檐的平行线，相交于 c 点和 d 点，连接 cd

(d) 根据水平投影及 α 角，求正面投影

图 2-67　同坡屋面投影图的画法

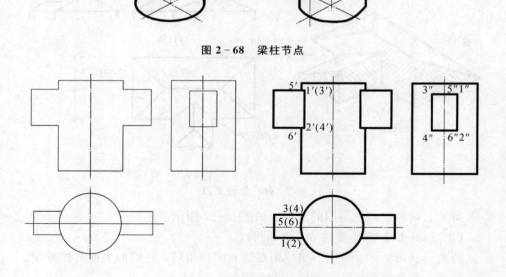

图 2-68　梁柱节点

图 2-69　梁柱节点相贯线的画法

第四节　轴测图

一、轴测投影图基础知识

1. 轴测投影的形成

轴测投影是用一组互相平行的投射线沿不平行于任一坐标面的方向将形体连同确定其空间位置的三个坐标轴一起投影到一个投影面（称为轴测投影面）上，所得到的投影叫轴测投影。应用轴测投影的方法绘制的投影图称为轴测投影图，简称轴测图。轴测投影的形成如图 2-70 所示。

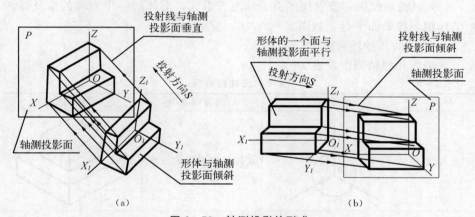

（a）　　　　　　　　　　　　　　　　　　（b）

图 2-70　轴测投影的形成

在轴测投影图中，空间坐标轴 O_1X_1、O_1Y_1、O_1Z_1 在轴测投影面 P 上的投影为 OX、OY、OZ，称为轴测投影轴，简称轴测轴；轴测轴之间的夹角 $\angle XOY$、$\angle XOZ$、$\angle YOZ$ 称为轴间角；轴测轴长度与空间坐标轴长度的比值称为轴向伸缩系数，分别用 p、q、r 表示，即：$p = OX O_1 X_1$，$q = OY O_1 Y_1$，$r = OZ O_1 Z_1$。

【小贴士】
　　轴测就是沿轴的方向可以测量尺寸的意思。在根据三面正投影图画轴测图时，在正投影图中沿轴向（长、宽、高）量取实际尺寸后，再画到轴测图中。

2. 轴测投影的特性

（1）平行性：形体上相互平行的直线的轴测投影仍然相互平行，形体上平行于坐标轴的直线，其轴测投影必平行于相应的轴测轴，均可沿轴的方向量取其尺寸。

（2）定比性：形体上相互平行的直线的长度之比，等于它们的轴测投影长度之比，其投影长度可按轴向伸缩系数 p、q、r 量取确定。

（3）真实性：空间与轴测投影面平行的直线或平面，其轴测投影均反映实长或实形。

3. 轴测投影的分类

根据投射方向 S 与轴测投影面 P 的相对关系，轴测投影可分为两大类：

（1）正轴测投影：投射线垂直于轴测投影面，形体的三个方向的面与坐标轴与投影面倾斜，如图 2-70（a）所示。

（2）斜轴测投影：投射线倾斜于轴测投影面，形体的一个方向的面及其两个坐标轴与投影面平行，如图 2-70（b）所示。

4. 常用的几种轴测图

常用的几种轴测图见表 2-6。

表 2-6 常用的三种轴测图

种类	轴间角	轴向伸缩系数	轴测投影图
正等线	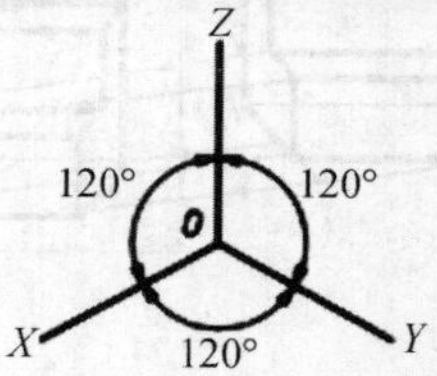 Z 120° 120° X 120° Y	$p=q=r=0.82$，实际作图取简化系数 $p=q=r=1$	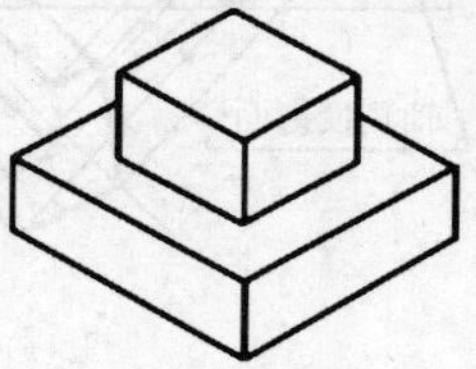
正面斜二测	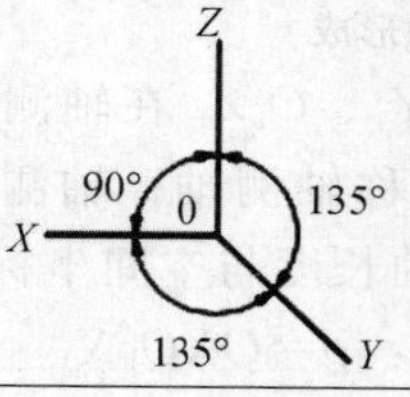 Z 90° 135° X 0 135° Y	$p=r=1$；$q=0.5$	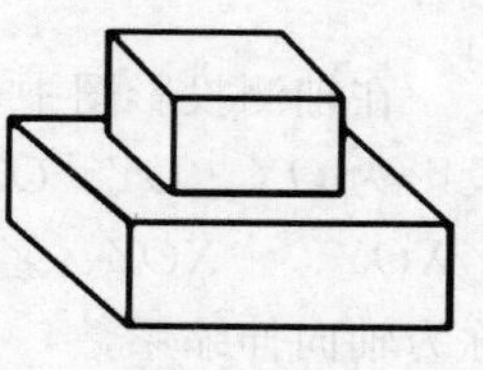
水平斜轴测	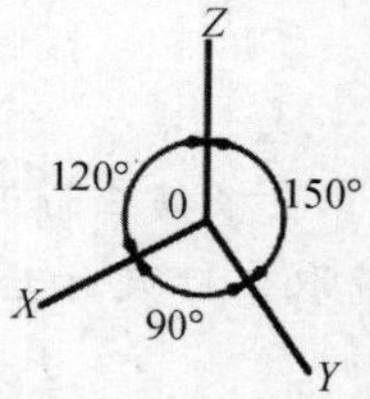 Z 120° 150° X 0 90° Y	$p=q=1$；$r=0.5$（水平斜二测）；或 $r=1$（水平斜等测）	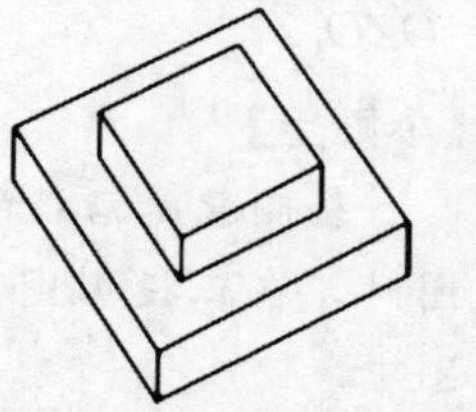

二、轴测投影图的作图方法

轴测图的基本作图步骤如下：

①根据正投影图了解所画形体的实际形状和特征。

②选择轴测投影。选择时要考虑作图简便，要能全面反映形体的形状。一般对方正、平直的形体宜采用正轴测投影，对于形体复杂或带有曲线的形体宜采用斜轴测投影。

③选定比例，沿轴按比例量取尺寸。根据空间平行线在轴测投影中仍平行的特性，确定图线方向，连接所作平行线，即完成轴测图底稿（底稿应轻、细、准）。

④检查底稿，加深轮廓线，擦去辅助线，完成轴测图。

轴测图常用的作图方法有叠加法、切割法、坐标法、端（断）面法等几种，要根据形体的形状和特点来选择合理、简便的作图方法。但在实际绘制轴测投影图时，往往是几种方法混合使用。

几种常用的作图方法见表 2-7。

表 2-7　　　　　　　　　　　　轴测图常用的几种作图方法

投影图	画法	备注
叠加法	先画出一个主要的形体作基础，然后将其余形体逐个叠加	适用于作由多个形体叠加而成的组合体的轴测图
切割法	先画出基本形体的轴测图，然后将切割的部分画出	适用于作由简单形体切割得到的组合体的轴测图
坐标法	根据形体表面上各点的坐标画出各点的轴测图，依次连接各点	适用于锥体、台体等斜面较多的形体的轴测图

87

	投影图	画法	备注
端（断）面法	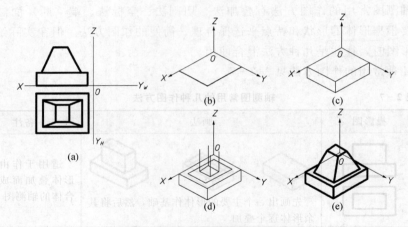	先画出能反映形体特征的一个可见端面，再画出其余的可见的轮廓线（棱线）	适用于柱类形体的轴测图

1. 正等轴测图的画法

（1）正等轴测图（简称正等测）的画法步骤。

【例题 2-30】已知基础的投影图，如图 2-71（a）所示，画出它的正等测。

图 2-71　基础的正等测的画法

作图：

①先对基础进行形体分析。基础由棱柱和棱台组成。形体是一个叠加型组合体，采用叠加法绘制，可先画棱柱，再画棱台。

②画棱柱顶面。先画轴测轴，然后把顶面的长、宽量取到轴测投影图中来，如图 2-71（b）所示。

③从顶面各个顶点引铅垂线，并截取棱柱高度连各顶点，即得棱柱的正等测图，如图 2-71（c）所示。

④棱台下底面与棱柱顶面重合。棱台的侧棱边是一般位置直线，其投射方向和伸缩都未知，只能先画出它们的两个端点，然后连成斜线。作棱台顶面的四个顶点时，可先画它们在棱柱顶面上的投影，即棱台四顶点在棱柱顶面上的

投影，再竖高度。

⑤从已作出的四个交点（棱台顶面在棱柱顶面上的投影）竖高度，得棱台顶面的四个顶点。连接四个顶点，得棱台的顶面，如图2－71（d）所示。

⑥以直线连接棱台顶面和底面的对应顶点，作出棱台的侧棱，最后擦去不可见线及不需要的线，加深需要的图线，完成基础的正等测，如图2－71（e）所示。

【例题2－31】已知形体的正投影图，如图2－72（a）所示，画出其正等测。

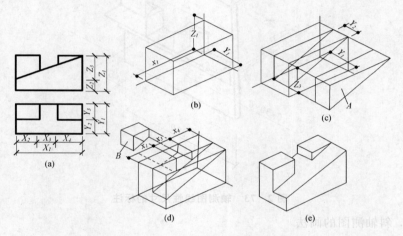

图2－72　形体的正等测的画法

作图：

①首先进行形体分析，由正投影图可以看出，该形体看作是一个长方体被切去两块形体而形成。

②先根据长方体的长、宽、高画出长方体，如图2－72（b）所示。

③先切割形体A，如图2－72（c）所示。

④再切割形体B，如图2－72（d）所示。

⑤加深图线，成型，如图2－72（e）所示。

（2）正等测的尺寸标注：作为辅助图样的轴测图，为表明形体各部分的实际大小，就需要标注尺寸。轴测图中的尺寸组成和尺寸种类与正投影图基本相同，但具体标注方法应体现轴测图的特点，数字注写位置、方向应方便书写和看图。

正等测的线性尺寸应标注在各自所在的坐标面内，尺寸线应与被注长度平行，尺寸界线应平行于相应的轴测轴，尺寸数字的方向应平行于尺寸线，如出现字头向下倾斜，应将尺寸线断开，在尺寸线断开处水平方向注写尺寸数字。轴测图的尺寸起止符号宜用小圆点（图2-73）。

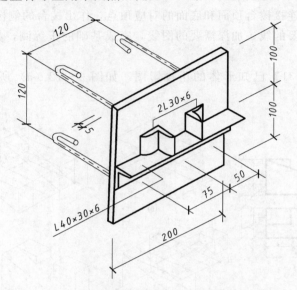

图 2-73　轴测图线性尺寸的标注

2. 斜轴测图的画法

（1）正面斜二测轴测图（简称正面斜二测）的画法。

【例题2-32】根据台阶的正投影图，如图2-74（a）所示，画出其正面斜二测。

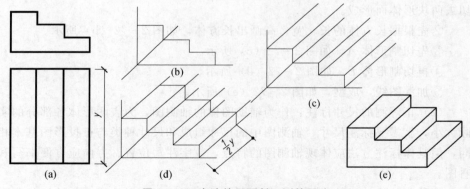

图 2-74　台阶的正面斜二测的画法

作图：

①画轴测轴，画出正投影图中 V 面的投影，如图 2 - 74 （b） 所示。

②过台阶立面轮廓线的各转折点作 45°斜线，如图 2 - 74 （c） 所示。

③在各条 45°斜线上量取台阶长度的 1/2，并连接各点，如图 2 - 74 （d）所示。

④ 擦去多余的线，加深图线即得台阶的正面斜二测，如图 2 - 74 （e）所示。

【温馨提示】

　　正面斜二测的三个轴的相对位置是可以根据具体的正投影图调整的。

【例题 2 - 33】已知钢筋混凝土花格砖的正投影图，如图 2 - 75 （a） 所示，画出其正面斜二测。

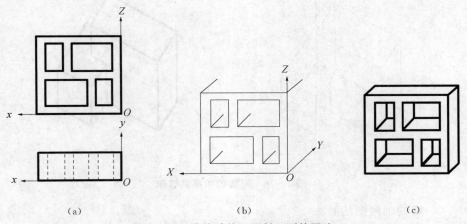

（a）　　　　　　　　　　　　（b）　　　　　　　　　　　　（c）

图 2 - 75　花格砖的正面斜二测的画法

作图：如图 2 - 75 （b）、（c） 所示。

（2）水平斜等测轴测图 （简称水平斜等测） 的画法。

【例题 2 - 34】已知形体的正投影图，如图 2 - 76 （a） 所示，画出其水平斜等测。

作图：

①在投影图上确定原点和坐标轴，画轴测轴及形体的平面图，如图 2 - 76 （b） 所示。

②在平面图上直接立高，并连接各点，如图 2 - 76 （c） 所示。

③擦去不需要的及不可见的图线，加深需要的图线，完成形体的水平斜等

测，如图 2 - 76（d）所示。

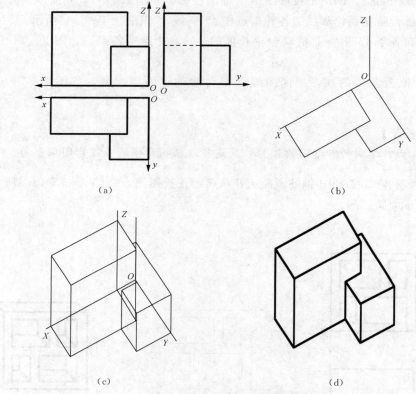

图 2 - 76　形体的水平斜等测

3. 圆的轴测图的画法

　　求作曲面体的轴测投影，首先要掌握平面上圆的轴测投影的画法。依据正投影原理，当圆所在的平面平行于投影面时，其投影仍为圆；而当圆所在的平面倾斜于投影面时，它的投影为椭圆。在轴测投影中，除了斜二测投影中有一个面不发生变形外，一般情况下圆的轴测投影是椭圆。

　　作圆的轴测投影时，通常先作出圆的外切正四边形的轴测投影，再在其中作出圆的轴测投影——椭圆。平行于坐标面的圆的正等测，其外切正四边形为菱形，在菱形中画椭圆可用近似画法——四心圆法作图。

　　圆的正等测椭圆的近似画法如下：

　　（1）在正投影图中定出原点和坐标轴位置，并作圆的外切正方形，如图 2 - 77（a）所示。

92

（2）画轴测轴及圆的外切正方形的轴测图（菱形），同时作出其两个方向的直径 a_1c_1 和 b_1d_1，如图 2-77（b）所示。

（3）菱形的两个钝角顶点为 o_1、o_2，连 o_1b_1 和 o_1c_1，分别交菱形的长对角线于 o_3、o_4，得四心 o_1、o_2、o_3、o_4，如图 2-77（c）所示。

（4）分别以 o_1、o_2 为圆心，以 o_1b_1 为半径作上、下两段弧线；再分别以 o_3、o_4 为圆心，以 o_3b_1 为半径作左、右两段弧线，即得椭圆，如图 2-77（d）所示。

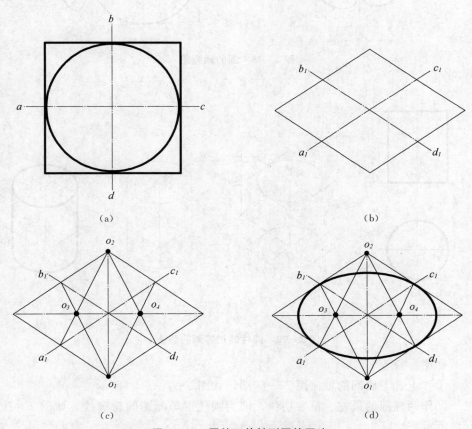

（a）　　　　　　　　　　　　　　　（b）

（c）　　　　　　　　　　　　　　　（d）

图 2-77　圆的正等轴测图的画法

图 2-78（a）为三个方向圆的正等测图，图 2-78（b）为三个方向圆的斜轴测图（椭圆用八点法画出）。

掌握了平面上圆的轴测图的画法，就可以作简单曲面体的轴测图。

【例题 2-35】根据圆柱的正投影图，如图 2-79（a）所示，作圆柱的正

93

（a）正等测图   （b）斜轴测图

图 2-78   圆的轴测图

等测。

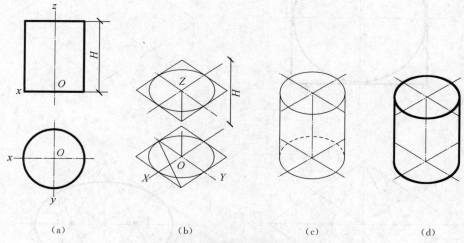

（a）   （b）   （c）   （d）

图 2-79   圆柱的正等测的画法

作图：

①作上、下底圆的轴测图——椭圆，如图 2-79（b）所示。

②作两椭圆的最左、最右切线，即为圆柱正等测图的轮廓线，如图 2-79（c）所示。

③擦去多余线条并加深图线，如图 2-79（d）所示。

【例题 2-36】根据带有圆角的形体的正投影图，如图 2-80（a）所示，作它的正等测。

分析：圆角为 1/4 圆周，作图时不必画出整个圆的轴测图，可以根据圆的正等测轴测图的画法，直接定出圆心，画出相应的圆弧。

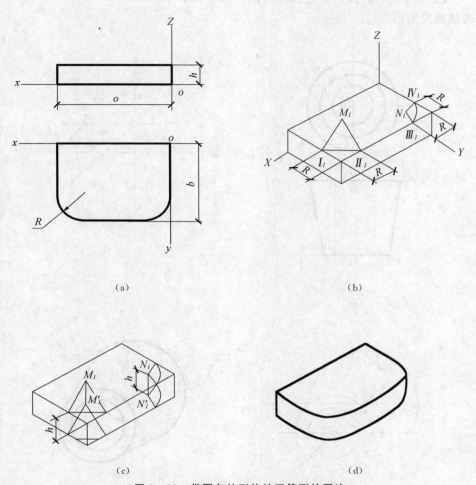

（a）   （b）

（c）   （d）

图 2 - 80　带圆角的形体的正等测的画法

作图：

①作长方体的轴测图，由角点沿两边分别量取圆角半径 R 得 I_1、II_1、III_1、IV_1 点，过各点作所在边的垂线相交于 M_1、N_1，再分别以交点 M_1、N_1 为圆心作圆弧与两边相切，如图 2 - 80（b）所示。

②过 M_1、N_1 沿 O_1Z_1 方向作直线，量取 $M_1M_1' = N_1N_1' = h$，再分别以 M_1'、N_1' 为圆心作圆弧与两边相切，如图 2 - 80（c）所示。

③作右边两圆弧切线，擦去多余线条并描深即得带圆角的正等测，如图 2 - 80（d）所示。

【例题 2-37】根据带通孔圆台的正投影图，如图 2-81（a）所示，作它的轴测投影图。

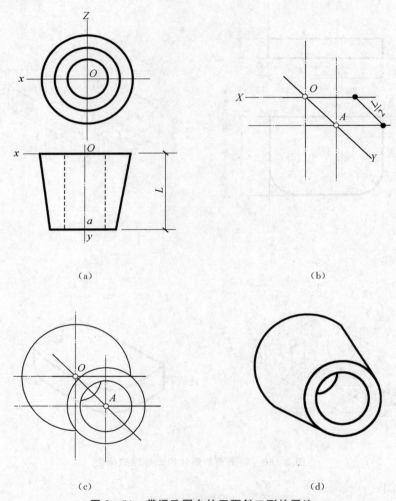

（a）　　　　　　　　　　　　　　（b）

（c）　　　　　　　　　　　　　　（d）

图 2-81　带通孔圆台的正面斜二测的画法

分析：带通孔圆台具有四个圆，由于它们都平行于轴测投影面 V 面，如果采用正面斜二测轴测图，这四个圆不变形。

作图：

①画轴测轴，在 OY 轴上取 $OA = L/2$，如图 2-81（b）所示。

②分别以 O、A 为圆心，以相应半径的实长为半径画两底圆及圆孔，如图

2-81（c）所示。

③作两底圆公切线，擦去多余线并加深，完成全图，如图 2-81（d）所示。

三、轴测图的徒手画法

轴测草图是不应用绘图仪器和工具的，是通过目测形体各部分的尺寸和比例，徒手画出轴测投影图。轴测草图可以迅速地表达工程技术人员的意图，是每个工程技术人员必须掌握的基本技能。同时，学习绘制轴测草图对学习投影原理、提高空间想象力都有很大的帮助。

轴测草图的作图步骤与使用绘图仪器绘制轴测图一样，绘图时要做到：形体各部分的大小要保持比例关系，还应尽量做到直线平直，曲线平滑，同类线条粗细基本均匀，深浅一致。这样画出的图才有立体感。

【例题 2-38】叠加型形体的轴测草图绘制示例（图 2-82）。

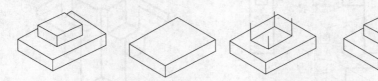

图 2-82 轴测草图的绘制示例

【例题 2-39】切割型形体的轴测草图绘制示例（图 2-83）。

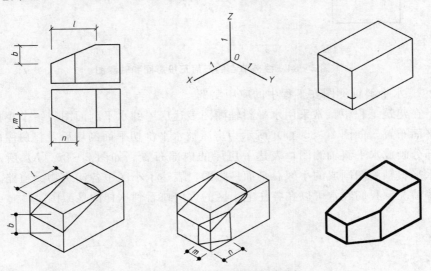

图 2-83 轴测草图的绘制示例

四、轴测图的工程实例

为了帮助识图，以便更直观地了解空间形体结构，工程中常用富有立体感的轴测投影图表达工程设计的结果或作为辅助图样。如给水排水工程图及供暖与通风工程图中的系统轴测图，即作为工程的直接生产用图样。在建筑工程图中，因为轴测投影图可以在单面投影图中表明形体的三个向度，所以常用来作为辅助图样。

1. 正等测在工程中的应用实例

如图 2 - 84（a）所示，这是楼板、主梁、次梁和柱组成的楼盖节点的三面正投影图，需要一定的读图能力才能完全看懂。图 2 - 84（b）是仰视的正等测，它把梁、板、柱相交处的构造表达得非常清楚。

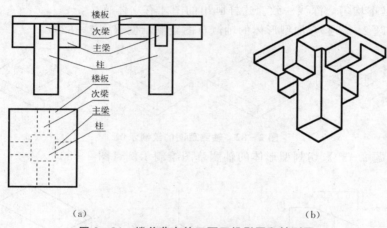

（a）   （b）

图 2 - 84 楼盖节点的三面正投影图和轴测图

2. 水平斜轴测图在工程中的应用实例

在建筑工程中，常采用水平斜轴测图表达房屋的水平剖面图或一个小区的总平面布置。如图 2 - 85（a）所示为房屋被水平剖切平面剖切后，将房屋的下半部分画成水平斜轴测图，表达了房屋的内部布置。如图 2 - 85（b）所示为用水平斜轴测图画成的小区总平面鸟瞰图，表达了小区中各建筑物、道路、绿化等情况。我们经常可以在各住宅小区的大门口看到这样的鸟瞰图。

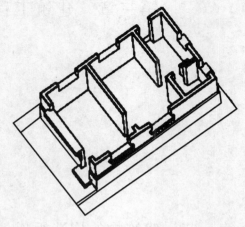

（a）平面图

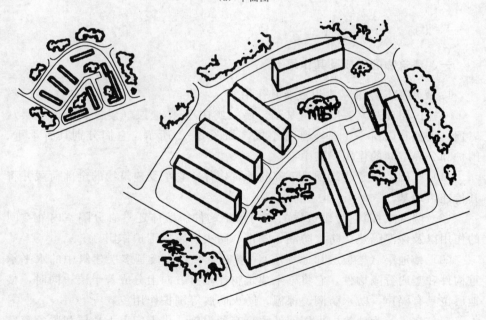

（b）鸟瞰图

图 2 - 85　水平斜轴测图在工程中的应用

99

第三章 建筑工程图基础知识

第一节 建筑物的构造组成

一、建筑物的组成及其作用

1. 民用建筑物的基本组成及其作用

一幢民用建筑，一般是由基础、墙（或柱）、楼地层（楼板层及地坪层）、屋顶、楼梯和门窗六个基本部分组成，如图 3-1 所示。它们分别具有承重、围护和分隔空间的作用。其中：

（1）基础：位于建筑物最下部的承重构件，它承受建筑物的全部荷载并将其传递给地基。

（2）墙（或柱）：为建筑物的竖向承重构件。墙体还具有分隔室内外空间的作用以及保温隔热、防水防潮、隔声、防火防腐等围护作用。

（3）楼地层（楼板层和地坪层）：楼板层中的楼板是多层建筑中的水平承重构件和竖向分隔构件，它将整个建筑物在垂直方向上分成若干层；同时，楼地层也具有隔声、防水防潮、保温、防火防腐等围护作用。

（4）楼梯：为建筑中楼层间的垂直交通设施，供人们上下楼层和紧急疏散之用，起承重作用。

（5）屋顶：是建筑物顶部的覆盖部分，与外墙共同形成建筑物的外壳。屋顶既有承重作用又有围护作用，还具有分隔室内外空间的作用。

（6）门窗：门主要用于室内、外交通联系及分隔房间，窗主要用于采光和通风。门窗需要隔声、保温隔热、防水等，有些特殊位置的门窗还必须防火防爆。门窗不能承受其上部墙体的重量，通常需要用过梁来承重。

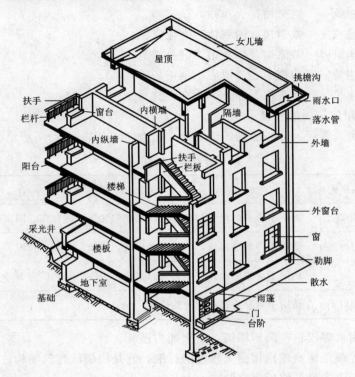

图 3 - 1　建筑物的基本组成

2. 民用建筑的其他组成

民用建筑的其他组成包括：散水、勒脚、窗台、檐口、女儿墙、室外台阶、雨篷、阳台、遮阳板等，它们在建筑的不同部位发挥着不同的作用。

二、建筑物的分类与分级

根据不同需要，建筑物有多种分类、分级。这里主要介绍以下几种分类方式。

1. 建筑物的分类

人们日常生活、起居和学习、交通、购物、办公、娱乐等行为大多与建筑物有着密不可分的关系。按照建筑物使用功能不同，分为生产性建筑（即工业建筑和农业建筑）和非生产性建筑即民用建筑。而民用建筑又分为居住建筑和公共建筑。其中，居住建筑是满足人们日常生活、起居使用的建筑物，如住宅、别墅、宿舍等；而公共建筑是满足人们社会交往行为所需的建筑物。如：

交通建筑——汽车站，火车站，航站楼。

文教建筑——教学楼，图书馆，文化宫。

体育建筑——游泳馆，体育馆，健身馆等。

商业建筑——购物中心，商店，菜市场。

综合建筑——集购物、办公、公寓、健身于一体。

2. 民用建筑物的分级

（1）耐久等级：分一级到四级，耐久能力递减，如表 3-1 所示。

表 3-1 建筑耐久等级

等级	耐久年限	适 用 范 围
一级	100 年以上	适用于重要的建筑和高层建筑，如纪念馆、博物馆、国家会堂等
二级	50～100 年	适用于一般性建筑，如城市火车站、宾馆、大型体育馆、大剧院等
三级	25～50 年	适用于次要的建筑，如文教、交通、居住建筑及厂房等
四级	15 年以下	适用于简易建筑和临时性建筑

（2）耐火等级：一级到四级，耐火能力递减。

耐火等级是衡量建筑物耐火程度的标准，它是由组成建筑物构件的燃烧性能和耐火极限的最低值所决定的。

燃烧性能分为非燃烧体（如天然石材、人工石材、金属材料等）、难燃烧体（如沥青混凝土构件、木板条抹灰等）和燃烧体（如木材、纸板、胶合板等）。

耐火极限是指任一建筑构件在规定的耐火试验条件下，从受到火的作用时起，到失去支持能力或完整性被破坏或失去隔火作用时为止的这段时间，用小时表示。

只要以下三个条件中任一个条件出现，就可以确定是否达到其耐火极限：

①失去支持能力。

②完整性被破坏。

③失去隔火作用。

根据耐火等级不同，组成建筑物的各主要结构构件和装修配件应选择表 3-2 相对应的建筑材料。

102

表 3 - 2　　　　　　　　　　　　　建筑物耐火等级

燃烧性能和耐火极限(h)　　耐火等级　　构件名称		一级	二级	三级	四级
墙柱	防火墙	非燃烧体 4.00	非燃烧体 4.00	非燃烧体 4.00	非燃烧体 4.00
	承重墙、楼梯间、电梯井墙	非燃烧体 3.00	非燃烧体 2.50	非燃烧体 2.50	非燃烧体 0.50
	非承重外墙、疏散走道两侧的隔墙	非燃烧体 1.00	非燃烧体 1.00	非燃烧体 0.50	非燃烧体 0.25
	房间隔墙	非燃烧体 0.75	非燃烧体 0.50	非燃烧体 0.25	非燃烧体 0.25
	支承多层的柱	非燃烧体 3.00	非燃烧体 2.50	非燃烧体 2.00	非燃烧体 1.50
	支承单层的柱	非燃烧体 2.50	非燃烧体 2.00	非燃烧体 2.00	燃烧体
梁		非燃烧体 2.00	非燃烧体 1.50	非燃烧体 1.00	非燃烧体 0.50
楼板		非燃烧体 1.50	非燃烧体 1.00	非燃烧体 0.50	难燃烧体 0.50
屋顶承重构件		非燃烧体 1.50	非燃烧体 0.50	燃烧体	燃烧体
疏散楼梯		非燃烧体 1.50	非燃烧体 1.00	非燃烧体 1.00	燃烧体
吊顶（包括吊顶搁栅）		非燃烧体 0.25	难燃烧体 0.25	难燃烧体 0.15	燃烧体

三、建筑结构的分类

所谓建筑结构就是由基本的建筑构件组成的建筑物承重骨架，是建筑物得以安全使用的保障。根据需要，建筑结构有多种分类方式。先了解以下两种分类：

1. 按建筑物承重结构受力骨架体系分类

建筑结构按照承重结构受力骨架体系分为：砌体结构、框架结构、剪力墙结构、框架-剪力墙结构、核心筒结构、筒中筒结构以及空间结构等。如图 3-2、图 3-3 所示。

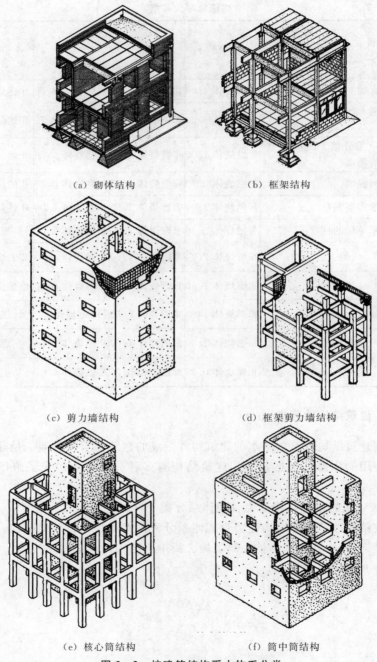

（a）砌体结构 （b）框架结构

（c）剪力墙结构 （d）框架剪力墙结构

（e）核心筒结构 （f）筒中筒结构

图 3 - 2 按建筑结构受力体系分类

（a）壳体结构　　　　　　　　　　　　（b）网架结构

（c）悬索结构　　　　　　　　　　　　（d）张拉膜结构

图 3-3　空间结构受力体系

2. 按主要承重构件建筑材料分类

建筑结构按照主要承重构件的建筑材料分为：木结构，混凝土结构，钢结构，混合结构（砖木结构、砖混结构、钢-钢筋混凝土结构等由两种及以上建筑材料组成结构受力体系的建筑），其他结构，详见图 3-4。

四、常见建筑结构构件组成

1. 砌体结构主要承重构件

如图 3-5 所示，为砌体结构的内框架体系，其主要承重构件包括：墙下条形基础，柱下独立基础，承重墙，柱，楼板（屋面板，含主次梁）等。

（a）木结构　　　　　　　（b）混凝土结构　　　　　　　（c）钢结构

（d）混合结构（砖-混凝土结构）（e）混合结构（钢-钢筋混凝土结构）　　（f）其他结构（索膜结构）

图 3 - 4　按建筑结构承重构件所用建筑材料分类

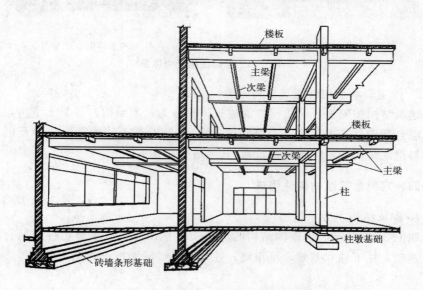

图 3 - 5　砌体（内框外砌）结构受力体系主要承重构件

2.框架结构主要承重构件

如图 3-6 所示，框架结构主要承重构件包括：柱下基础（独立基础、井格基础、筏板基础等），框架柱（边柱、角柱、中柱），框架梁（基础梁、楼层梁、屋面梁等），楼板（屋面板）。

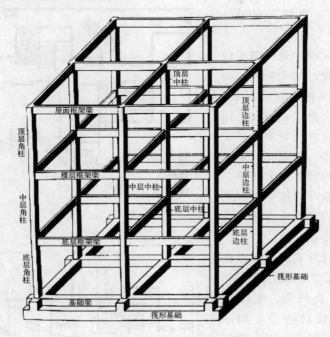

图 3-6　框架结构受力体系主要承重构件

第二节　建筑工程施工图的内容

一、房屋建筑工程图的形成

一个建筑工程项目，从拟定计划到建成使用，期间要经历申报、审批、设计、施工、验收等一系列过程。房屋建筑工程图就是设计单位将一幢拟建的房屋按照设计任务书的要求，依据设计资料、国家相关设计规范和制图标准的规定绘制而成的，是建筑项目申报和建筑施工阶段的依据。在实际工程中，随着建筑物的规模和难易程度不同，一套完整的房屋建筑工程图少则十几张，多则百余张。

二、房屋建筑工程图的种类

1. 按房屋建筑工程设计阶段分类

通常建筑设计分为初步设计和施工图设计两个阶段。对于大型的、比较复杂的工程，还可分成三个阶段，即在上述两个设计阶段之间，增加一个技术设计阶段，用来深入解决各专业之间协调等技术问题。

每一个设计阶段都有与之设计深度对应的设计文件。

（1）初步设计图。

初步设计的主要任务是根据建设单位提出的设计任务和要求进行调查研究、收集资料，先做出设计方案，如图3-7所示为方案设计图。再与其他专业技术人员协商确定建筑结构体系等问题，将方案设计图深化，形成初步设计图。其内容包括必要的工程图纸、设计概算和设计说明等。初步设计的工程图纸和有关文件只是作为提供方案研究和审批之用，一般不标注详细尺寸和具体工程做法，不能作为施工依据，如图3-8所示。

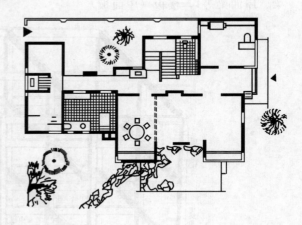

（a）

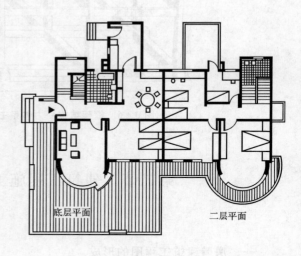

底层平面　　　　　　二层平面

（b）

图3-7　住宅建筑方案设计图

108

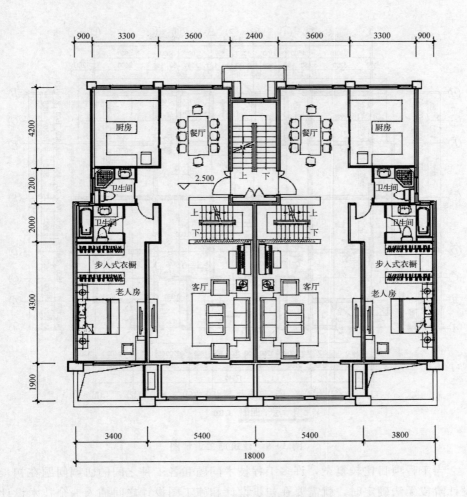

图 3-8　住宅建筑初步设计图

（2）施工设计图。

施工图设计的主要任务是满足工程施工各项具体技术要求，提供一切准确可靠的施工依据，其内容包括工程施工所有专业的基本图样、详图及说明书、计算书和整个工程的工程预算书。整套施工图纸是设计人员的最终成果，是施工单位进行施工的依据。所以施工图设计的图纸必须详细完整，前后统一，尺寸齐全，正确无误，符合国家相关制图标准，如图 3-9 所示。

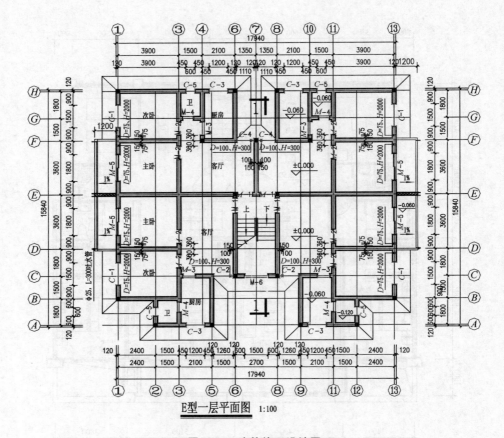

E型一层平面图 1:100

图 3-9 建筑施工设计图

当工程项目比较复杂，许多工程技术问题和各工种之间的协调问题在初步设计阶段无法确定时，就需要在初步设计和施工图设计之间插入一个技术设计阶段，形成三阶段设计。技术设计的主要任务是在初步设计的基础上，进一步确定各专业间的具体技术问题和专业配合要求，使各专业之间取得统一，达到相互协调。在技术设计阶段，各专业均须绘制出相应的技术图纸，写出有关设计说明和初步计算等，为第三阶段施工图设计提供比较详细的资料。

2. 按房屋建筑工程设计专业分类

房屋建筑工程图按照不同设计专业分为建筑设计图、结构设计图和设备设计图（通常包括给水排水、采暖通风和电气照明）。

（1）建筑设计图。

主要表示建筑物的建筑设计内容。如新建建筑朝向，平面尺寸，定位及与

110

周围建筑、道路、绿化之间的位置关系；各房间的大小、形状和交通组织形式；建筑的层数、层高和空间组织形式；建筑物的形体组合及立面设计；建筑物各细部构造的具体做法等。根据不同设计阶段，图纸按设计阶段可以简称为建初、建施。以建筑施工图为例，其图纸包含图纸目录、建筑设计说明、工程做法（装修表）、门窗表、总平面图、各层平面图、立面图、剖面图、各类详图等。

（2）结构设计图。

主要表示建筑物的结构设计内容。如房屋承重结构构件的布置、构件的形状和大小、所用材料及构造等。图纸按设计阶段可以简称为结初、结施。以结构施工图为例，其图纸包含结构设计说明，基础平面图，基础详图，结构平面布置图（含梁、板、柱配筋图，模板布置图等），楼梯结构图和结构构件详图。

（3）设备设计图。

主要表示建筑物的各专用管线和设备布置及构造情况，包括给水排水、采暖通风、电气照明等设备的平面布置图、系统图和施工详图等。

三、房屋建筑工程施工图的排序

一套房屋建筑工程施工图，除图纸封面外，首先是图纸目录，其次按专业排列，依次为建筑施工图（简称建施），结构施工图（简称结施），给水排水施工图，采暖通风施工图和电气照明施工图。

如果是以某专业为主体的工程，则应该突出该专业的施工图而另外编排。

各专业的施工图，应按图纸内容的主次关系系统排列。例如基本图在前，详图在后；总体图在前，局部图在后；主要部分在前，次要部分在后；布置图在前，构件图在后；先施工的图在前，后施工的图在后等。

建筑施工图图纸编排顺序依次为：建筑设计说明，工程做法（装修表），门窗表，总平面图，一层平面图，标准层平面图，顶层平面图，屋顶平面图，立面图，剖面图，详图（墙身大样、楼梯详图、卫生间详图、建筑构造详图等）。

结构施工图图纸编排顺序依次为：结构设计说明，基础平面布置图及详图（桩位平面布置图），柱平面布置图（柱表），各层楼板配筋图，各层梁配筋图，节点详图，楼梯详图，楼梯构件详图等。

在实际施工过程当中，除了以施工图作为施工依据外，还要根据图纸当中的详图索引符号标注所选用的标准图集进行施工。

第三节　建筑工程施工图制图标准

为了确保图纸质量，提高制图和识图的效率，在绘制施工图时，必须严格遵守下列国家颁发的制图标准：《房屋建筑制图统一标准》（GB/T 50001—2010），《总图制图标准》（GB/T 50103—2010），《建筑制图标准》（GB/T 50104—2010），《建筑结构制图》（GB/T 50105—2010）。除此之外还有国家、地方和设计单位编制的标准图集，便于设计、施工过程中参考、选用。

上述制图标准中的常用图线、各类图例均列在表 3-3～表 3-7 中，以便查阅。

【重点提示】

图例是建筑工程图中非常重要的组成部分。由于房屋的构、配件和材料种类较多，为作图简便起见，"国标"规定了一系列的图形符号来代表建筑构配件、卫生设备、建筑材料等，这种图形符号称为图例。

表 3-3　　《总图制图标准》（GB/T 50103—2010）总平面图线

名称		线型	线宽	用途
实线	粗		b	1. 新建建筑物±0.00 高度可见轮廓线 2. 新建铁路、管线
	中		0.7b 0.5b	1. 新建建筑物、道路、桥涵、边坡、围墙、运输设施的可见轮廓线 2. 原有标准轨距铁路
	细		0.25b	1. 新建建筑物±0.00 高度以上的可见建筑物、构筑物轮廓线 2. 原有建筑物、构筑物、原有窄轨、铁路、道路、桥涵、围墙的可见轮廓线 3. 新建人行道、排水沟、坐标线、尺寸线、等高线
虚线	粗		b	新建建筑物、构筑物地下轮廓线
	中		0.5b	计划预留扩建的建筑物、构筑物、铁路、道路、运输设施、管线、建筑红线及预留用地各线
	细		0.25b	原有建筑物、构筑物、管线的地下轮廓线

112

续表

名称		线型	线宽	用途
单点长划线	粗		b	露天矿开采界限
	中		0.5b	上方填挖区的零点线
	细		0.25b	分水线、中心线、对称线、定位轴线
双点长划线			b	用地红线
			0.7b	地下开采区塌落界限
			0.5b	建筑红线
折断线			0.5b	断线
不规则曲线			0.5b	新建人工水体轮廓线

表 3－4　　《总图制图标准》（GB/T 50103—2010）总平面图例

序号	名称	图例	备注
1	新建建筑物	① 12F/2D H=59.00m	1. 新建建筑物以粗实线表示与室外地坪相接处±0.00外墙定位轮廓线 2. 建筑物一般以±0.00高度处的外墙定位轴线交叉点坐标定位。轴线用细实线表示，并标明轴线号 3. 根据不同设计阶段标注建筑编号，地上、地下层数，建筑高度，建筑出入口位置（两种表示方法均可，但同一图纸采用一种表示方法） 4. 地下建筑物以粗虚线表示其轮廓 5. 建筑上部（±0.00以上）外挑建筑用细实线表示 6. 建筑物上部连廊用细虚线表示并标注位置
2	原有建筑物		用细实线表示
3	计划扩建的预留地或建筑物		用中粗虚线表示

113

续表 1

序号	名称	图例	备注
4	拆除的建筑物		用细实线表示
5	建筑物下面的通道		—
6	散状材料露天堆场		需要时可注明材料名称
7	其他材料露天堆场或露天作业场		需要时可注明材料名称
8	铺砌场地		—
9	敞棚或敞廊		
17	烟囱		实线为烟囱下部直径，虚线为基础，必要时可注写烟囱高度和上、下口直径
18	围墙及大门		—
19	挡土墙		挡土墙根据不同设计阶段的需要标注 墙顶标高 墙底标高

序号	名称	图例	备注
20	挡土墙上设围墙		—
21	台阶及无障碍坡道	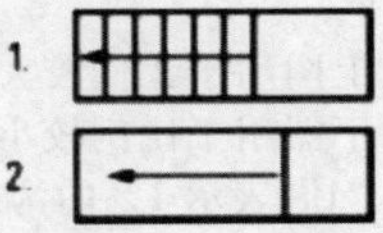 1. 2.	1. 表示台阶（级数仅为示意） 2. 表示无障碍坡道
28	坐标	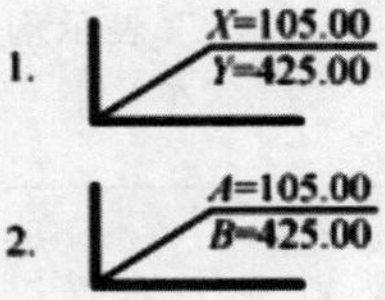 1. $X=105.00$ $Y=425.00$ 2. $A=105.00$ $B=425.00$	1. 表示地形测量坐标系 2. 表示自设坐标系；坐标数字平行于建筑标注
29	方格网交叉点标高	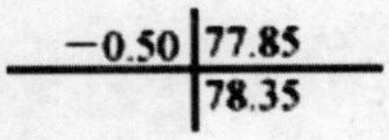 -0.50 | 77.85 78.35	1. "78.35"为原地面标高 2. "77.85"为设计标高 3. "−0.50"为施工高度 4. "−"表示挖方（"+"表示填方）
30	填方区、挖方区、未整平区及零线	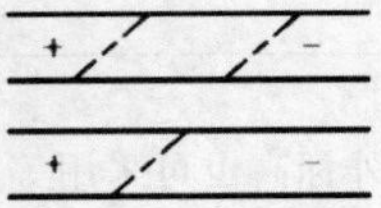 + — + —	1. "+"表示填方区 2. "−"表示挖方区 3. 中间为未整平区 4. 点划线为零点线
31	填挖边坡		—
32	分水脊线与谷线	 	1. 上图表示脊线 2. 下图表示谷线
33	洪水淹没线		洪水最高水位以文字标注
34	地表排水方向		—

序号	名称	图例	备注
35	截水沟		"1"表示 1‰的沟底纵向坡度，"40.00"表示变坡点间距离，箭头表示水流方向
36	排水明沟	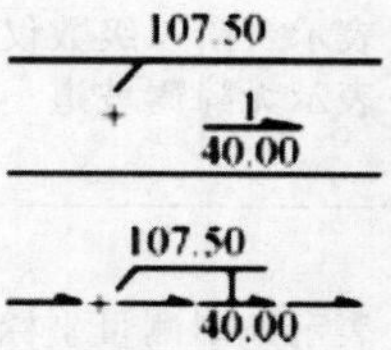 107.50 $\frac{1}{40.00}$ 107.50 $\frac{1}{40.00}$	1. 上图用于比例较大的图画 2. 下图用于比例较小的图画 3. "1"表示 1‰的沟底纵向坡度，"40.00"表示变坡点间距离，箭头表示水流方向 4. "107.50"表示沟底变坡点标高（变坡点以"+"表示）
37	有盖板的排水沟	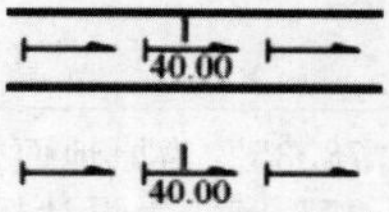 $\frac{}{40.00}$ $\frac{}{40.00}$	—
45	室内地坪标高	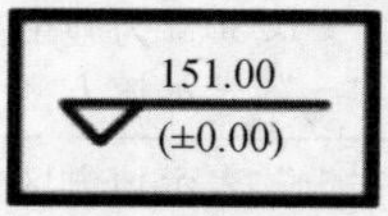 151.00 (±0.00)	数字平行于建筑物书写
46	室外地坪标高	 143.00	室外标高也可采用等高线
47	盲道		—
48	地下车库入口	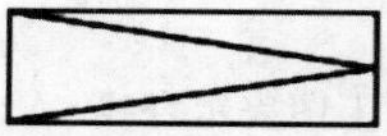	机动车停车场
49	地面露天停车场	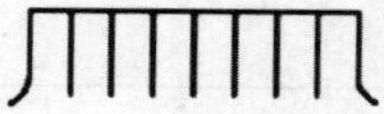	—
50	露天机械停车场	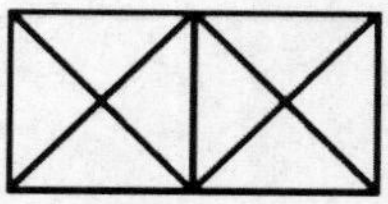	露天机械停车场

表 3−5　　《总图制图标准》（GB/T 50103—2010）园林景观绿化图例

序号	名称	图例	备注
1	常绿针叶乔木		—
2	落叶针叶乔木		—
3	常绿阔叶乔木		—
4	落叶阔叶乔木		—
5	常绿阔叶灌木		—
6	落叶阔叶灌木		—
7	落叶阔叶乔木林		—

序号	名称	图例	备注
8	常绿阔叶乔木林		—
9	常绿针叶乔木林		—
10	落叶针叶乔木林		—
11	针阔混交林		—
12	落叶灌木林		—
13	整形绿篱		—

序号	名称	图例	备 注
14	草坪		1. 草坪 2. 表示自然草坪 3. 表示人工草坪
15	花卉		—
16	竹丛		—

序号	名称	图例	备注
17	棕榈植物		—
18	水生植物		—
19	植草砖		—
20	土石假山		包括"土包石"、"石抱土"及假山
21	独立景石		—
22	自然水体		表示河流，以箭头表示水流方向

续表 4

序号	名称	图例	备注
23	人工水体		—
24	喷泉	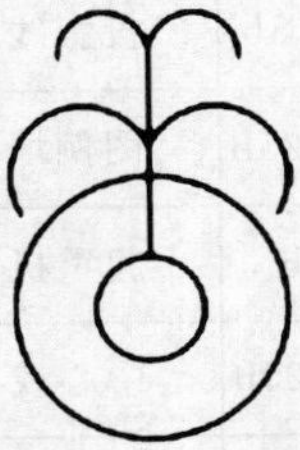	—

表 3-6 《建筑制图标准》（GB/T 50104—2010）建筑平、立、剖面图图线

名称	线型	线宽	用途
实线	粗	b	1. 平、剖面图中被剖切的主要建筑构造（包括构配件）的轮廓线 2. 建筑立面图或室内立面图的外轮廓线 3. 建筑构造详图中被剖切的主要部分的轮廓线 4. 建筑构配件详图中的外轮廓线 5. 平、立、剖面的剖切符号
	中粗	0.7b	1. 平、剖面图中被剖切的次要建筑构造（包括构配件）的轮廓线 2. 建筑平、立、剖面图中建筑构配件的轮廓线 3. 建筑构造详图及建筑构配件详图中的一般轮廓线
	中	0.5b	小于 0.7b 的图形线、尺寸线、尺寸界限、索引符号、标高符号、详图材料做法引出线、粉刷线、保温层线、地面、墙面的高差分界线等
	细	0.25b	图例填充线、家具线、纹样线等

续表

名称		线型	线宽	用 途
虚线	中粗	▬▬▬▬▬	0.7b	1. 建筑构造详图及建筑构配件不可见的轮廓线 2. 平面图中的梁式起重机（吊车）轮廓线 3. 拟建、扩建建筑物轮廓线
	中	▬ ▬ ▬ ▬ ▬	0.5b	投影线、小于 0.5b 的不可见轮廓线
	细	- - - - -	0.25b	图例填充线、家具线等
单点划线	粗	▬ ▬ ▬	b	起重机（吊车）轨道线
单点长划线	细	·—·—·—·	0.25b	中心线、对称线、定位轴线
折断线	细	⌁	0.25b	部分省略表示时的断开界线
波浪线	细	∿∿∿	0.25b	部分省略表示时的断开界线，曲线形构件断开界限，构造层次的断开界限

表 3-7 《建筑制图标准》（GB/T 50104—2010）构造及配件图例

序号	名称	图例	备 注
1	墙体	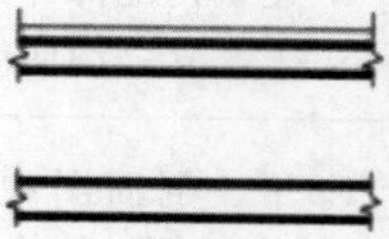	1. 上图为外墙，下图为内墙 2. 外墙细线表示有保温层或有幕墙 3. 应加注文字或涂色或图案填充表示各种材料的墙体 4. 在各层平面图中防火墙宜着重以特殊图案填充表示
2	隔断		1. 加注文字或涂色或图案填充表示各种材料的轻质隔断 2. 适用于到顶与不到顶隔断
3	玻璃幕墙		幕墙龙骨是否表示由项目设计决定
4	栏杆		

序号	名称	图例	备 注
5	楼梯	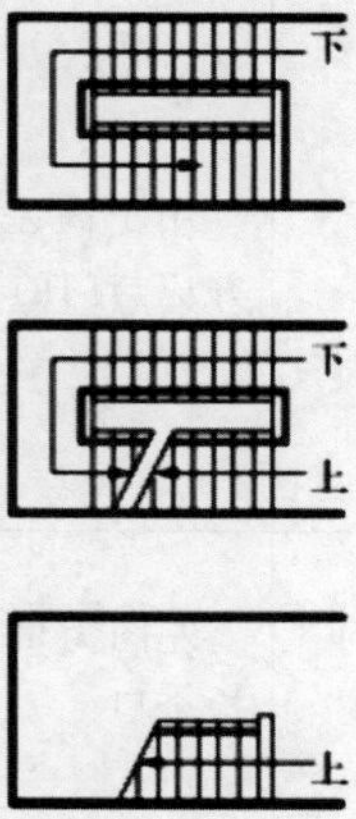	1. 上图为顶层楼梯平面，中图为中间层楼梯平面，下图为底层楼梯平面 2. 需设置靠墙扶手或中间扶手时，应在图中表示
6	坡道		长坡道 上图为两侧垂直的门口坡道，中图为有挡墙的门口坡道，下图为两侧找坡的门口坡道
7	台阶	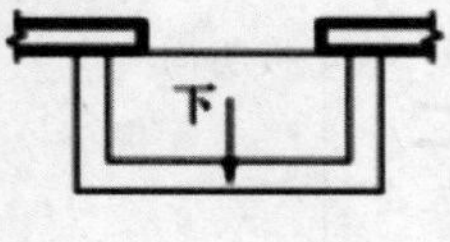	

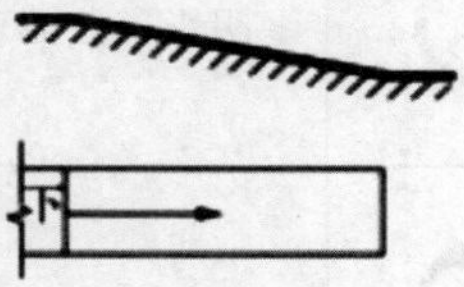

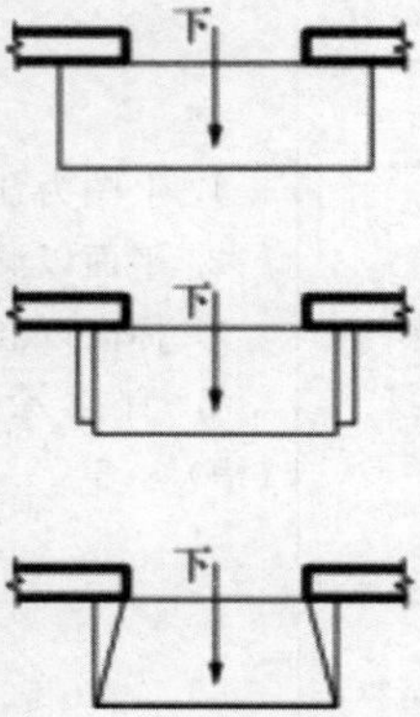

续表 2

序号	名称	图例	备 注
8	平面高差	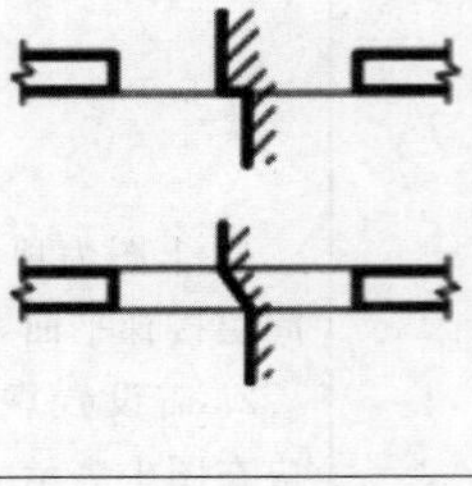	用于高差小的地面或楼面交接处，并应与门的开启方向协调
9	检查口		左图为可见检查口，右图为不可见检查口
10	孔洞		阴影部分亦可填充灰度或涂色代替
11	坑槽		
12	墙预留洞、槽	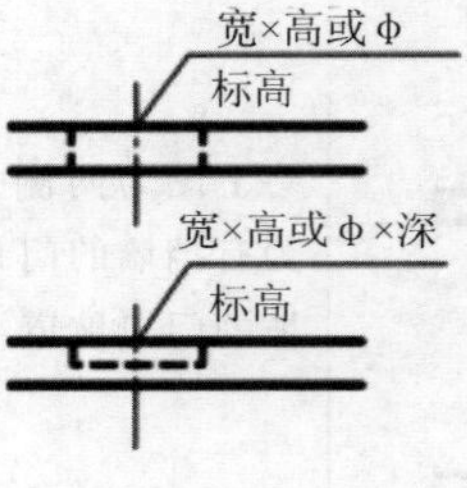 宽×高或φ 标高　宽×高或φ×深 标高	1. 上图为预留洞，下图为预留槽 2. 平面以洞（槽）中心定位 3. 标高以洞（槽）底或中心定位 4. 宜以涂色区别墙体和预留洞（槽）
13	地沟	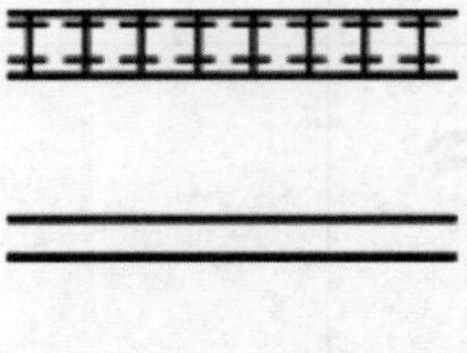	上图为活动盖板地沟，下图为无盖板明沟

124

序号	名称	图例	备注
14	烟道		1. 阴影部分亦可涂色代替 2. 烟道、风道与墙体为相同材料，其相接处墙身线应连通 3. 烟道、风道根据需要增加不同材料的内衬
15	风道		
16	新建的墙和窗		
17	改建时保留的墙和窗		只更换窗，应加粗窗的轮廓线

序号	名称	图例	备 注
18	拆除的墙	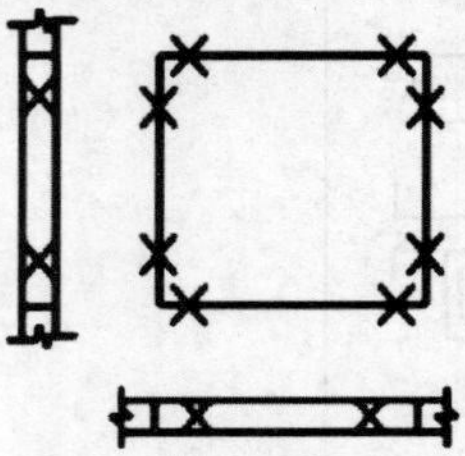	
19	改建时在原有墙或楼板新开的洞	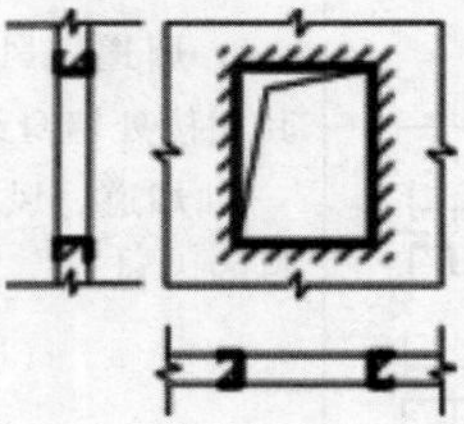	
20	在原有墙或楼板洞旁扩大的洞	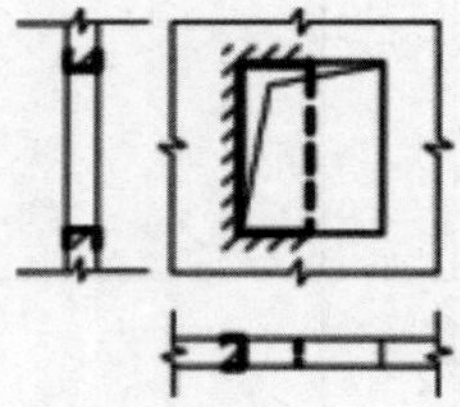	图示为洞口向左边扩大
21	在原有墙或楼板上全部填塞的洞	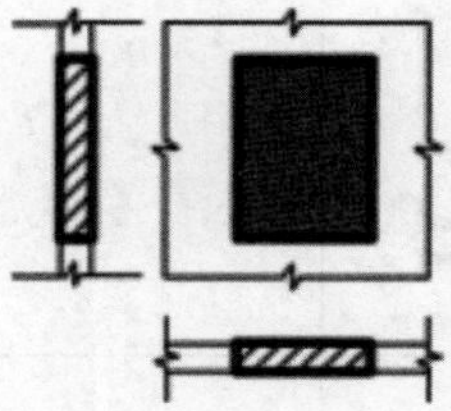	
22	在原有墙或楼板上局部填塞的洞	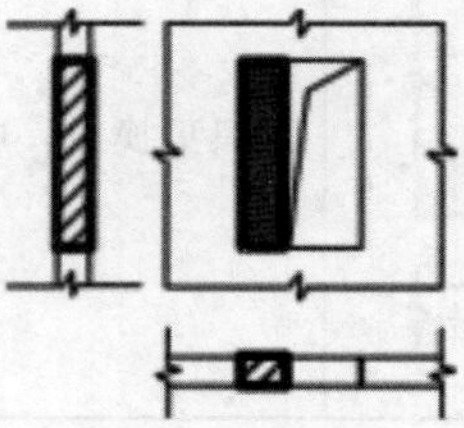	1. 左侧为局部填塞的洞 2. 图中立面图填充灰度或涂色

序号	名称	图例	备注
23	空门洞	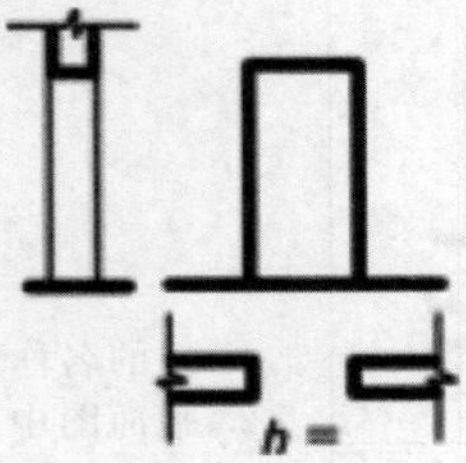	h 为门洞高度
24	单扇平开或单向弹簧门	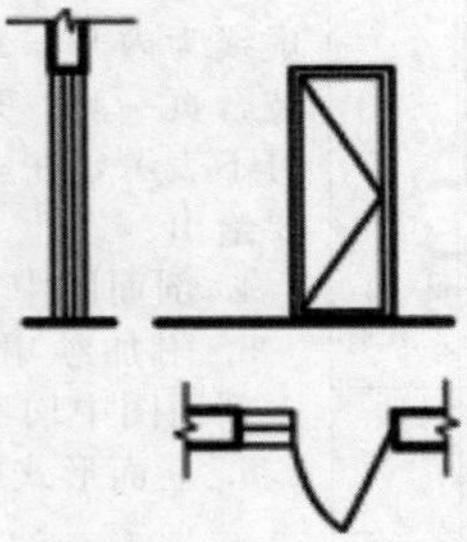	
	单扇平开或双向弹簧门	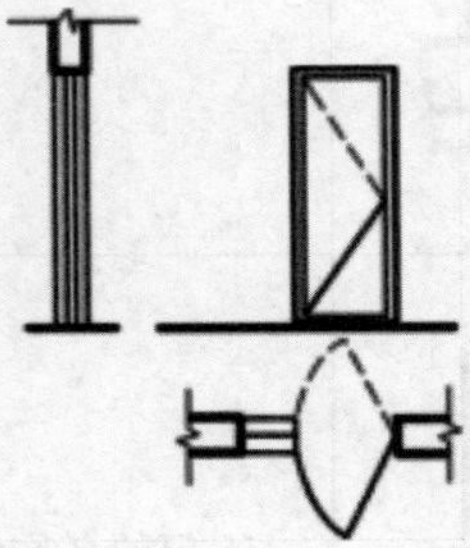	1. 门的名称代号用 M 表示 2. 平面图中，下为外，上为内，门开启线为 90°、60°或 45° 3. 立面图中，开启线实线为外开，虚线为内开，开启线交角的一侧为安装合页一侧，开启线在建筑立面图中可不表示，在立面大样图中可根据需要给出 4. 剖面图中，左为外，右为内 5. 附加纱扇应以文字说明，在平、立剖面图中均不表示 6. 立面形式应按实际情况绘制
	双层单扇平开门	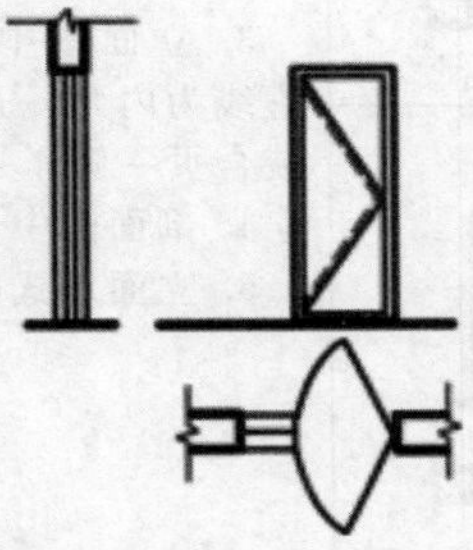	

127

序号	名称	图例	备 注
25	单面开启双扇门（包括平开或单面弹簧）	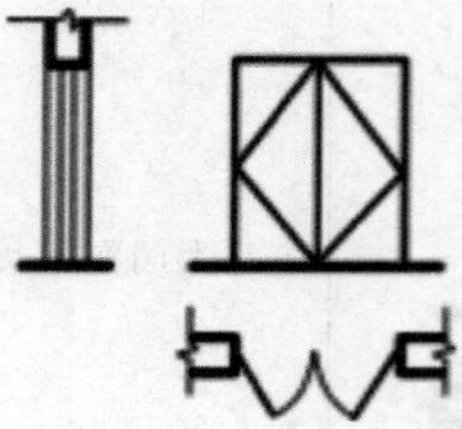	1. 门的名称代号用 M 表示 2. 平面图中，下为外，上为内，门开启线为 90°、60°或 45° 3. 立面图中，开启线实线为外开，虚线为内开，开启线交角的一侧为安装合页一侧，开启线在建筑立面图中可不表示，在立面大样图中可根据需要给出 4. 剖面图中，左为外，右为内 5. 附加纱扇应以文字说明，在平、立剖面图中均不表示 6. 立面形式应按实际情况绘制
	双面开启双扇门（包括双面平开或双面弹簧）		
	双层双扇平开门		
26	折叠门	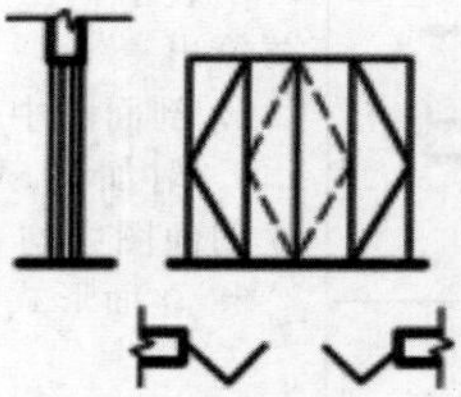	1. 门的名称代号用 M 表示 2. 平面图中，下为外，上为内 3. 立面图中，开启线实线为外开，虚线为内开，开启线交角的一侧为安装合页一侧 4. 剖面图中，左为外，右为内 5. 立面形式应按实际情况绘制
	推拉折叠门		

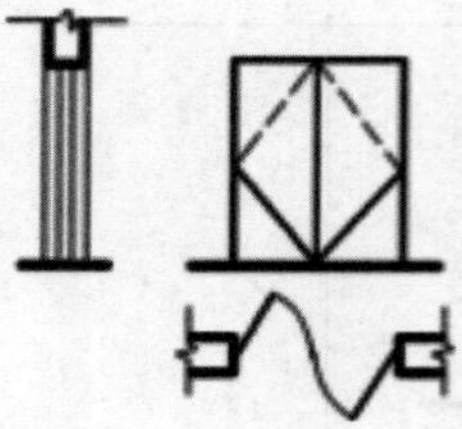

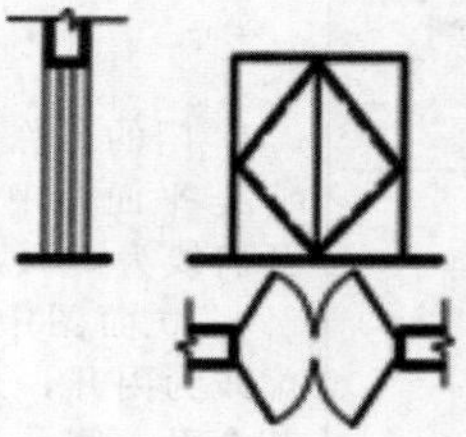

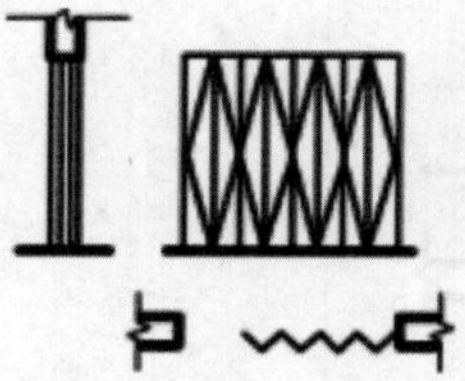

续表 7

序号	名称	图例	备注
27	墙洞外单扇推拉门	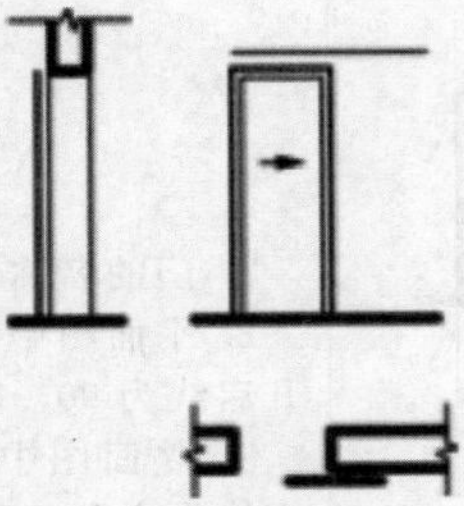	1. 门的名称代号用 M 表示 2. 平面图中，下为外，上为内 3. 剖面图中，左为外，右为内 4. 立面形式应按实际情况绘制
	墙洞外双扇推拉门	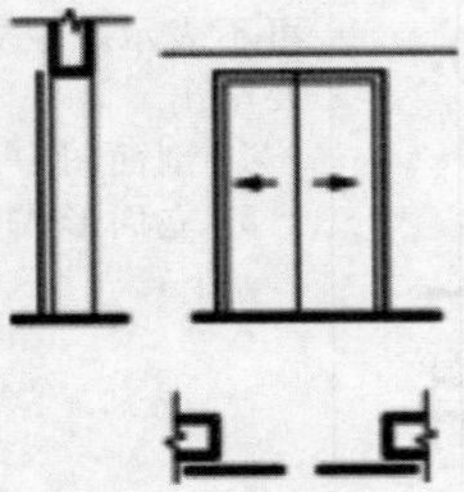	
	墙中单扇推拉门	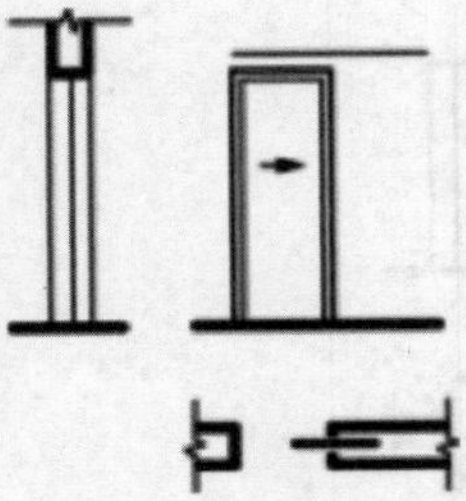	1. 门的名称代号用 M 表示 2. 立面形式应按实际情况绘制
	墙中双扇推拉门	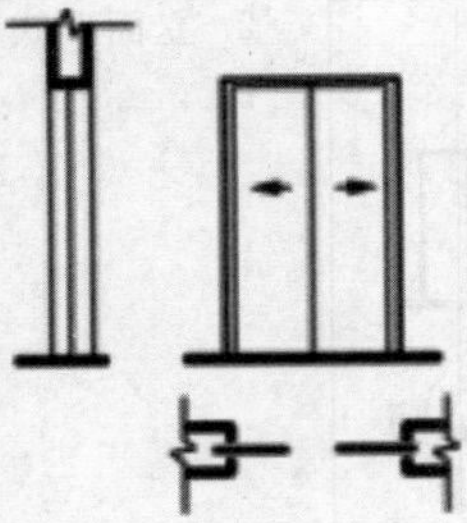	

序号	名称	图例	备 注
28	推杠门	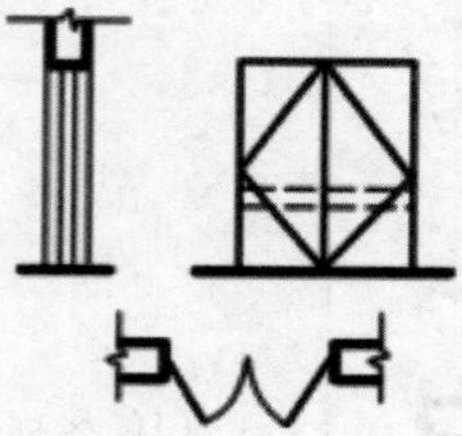	1. 门的名称代号用 M 表示 2. 平面图中，下为外，上为内，门开启线为 90°、60°或 45° 3. 立面图中，开启线实线为外开，虚线为内开，开启线交角的一侧为安装合页一侧，开启线在建筑立面图中可不表示，在立面大样图中可根据需要给出 4. 剖面图中，左为外，右为内 5. 立面形式应按实际情况绘制
29	门连窗	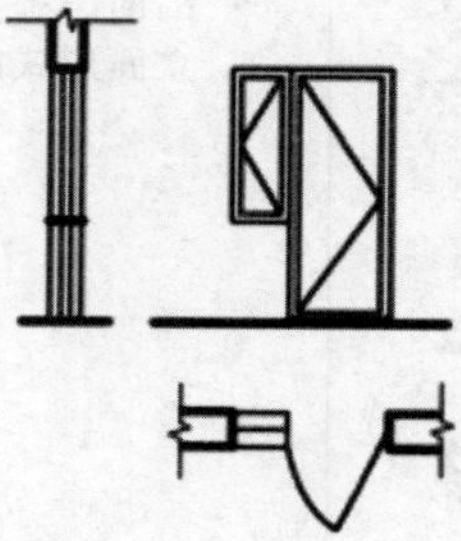	
30	旋转门	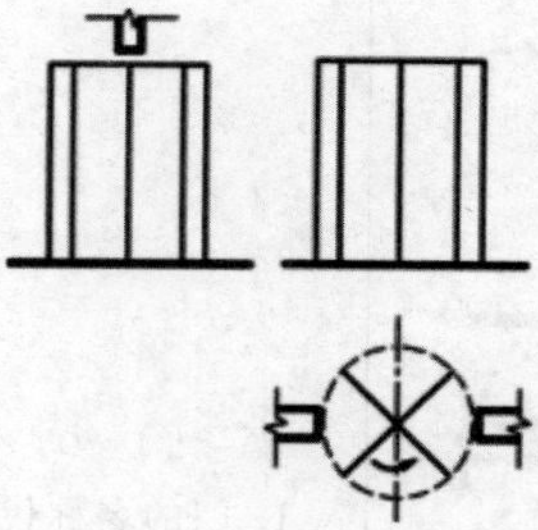	1. 门的名称代号用 M 表示 2. 立面形式应按实际情况绘制
	两翼智能旋转门	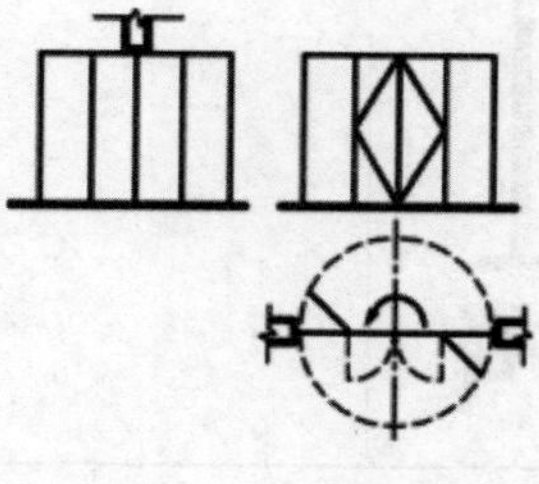	

续表 9

序号	名称	图例	备 注
31	自动门	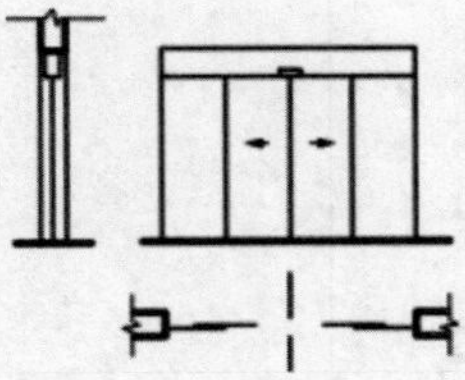	1. 门的名称代号用 M 表示 2. 立面形式应按实际情况绘制
32	折叠上翻门	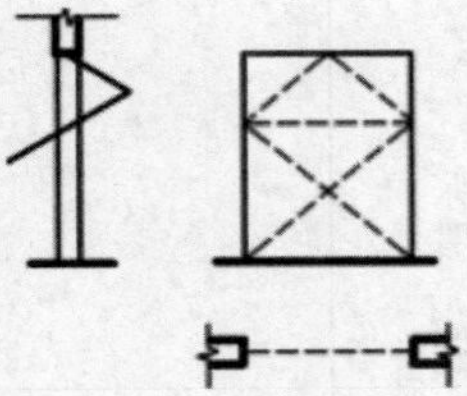	1. 门的名称代号用 M 表示 2. 平面图中，下为外，上为内 3. 剖面图中，左为外，右为内 4. 立面形式应按实际情况绘制
33	提升门	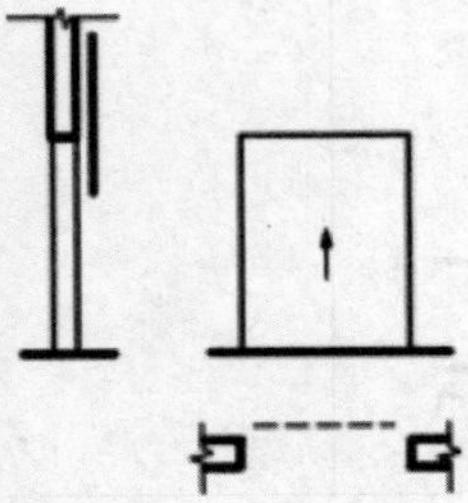	1. 门的名称代号用 M 表示 2. 立面形式应按实际情况绘制
34	分节提升门	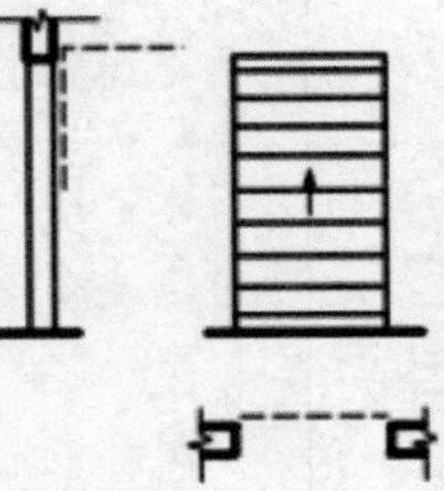	

131

序号	名称	图例	备注
35	人防单扇防护密闭门		1. 门的名称代号按人防要求表示 2. 立面形式应按实际情况绘制
	人防单扇密闭门		
36	人防双扇防护密闭门		1. 门的名称代号按人防要求表示 2. 立面形式应按实际情况绘制
	人防双扇密闭门		

序号	名称	图例	备 注
37	横向卷帘门		
	竖向卷帘门		
	单侧双层卷帘门		
	双侧双层卷帘门		

序号	名称	图例	备 注
38	固定窗		
39	上悬窗	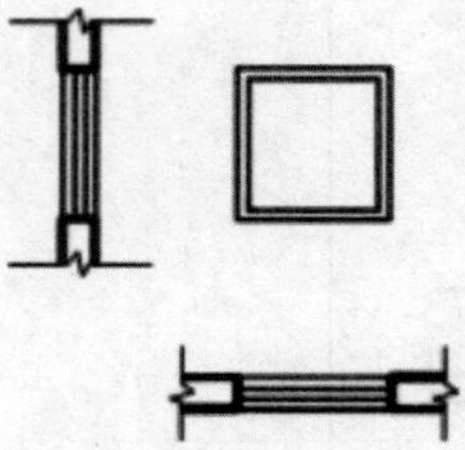	1. 窗的名称代号用 C 表示 2. 平面图中，下为外，上为内 　3. 立面图中，开启线实线为外开，虚线为内开，开启线交角的一侧为安装合页一侧，开启线在建筑立面图中可不表示，在门窗立面大样图中需绘出 　4. 剖面图中，左为外，右为内，虚线仅表示开启方向，项目设计不表示 　5. 附加纱扇应以文字说明，在平、立、剖面图中均不表示 　6. 立面形式应按实际情况绘制
	中悬窗		
40	下悬窗		

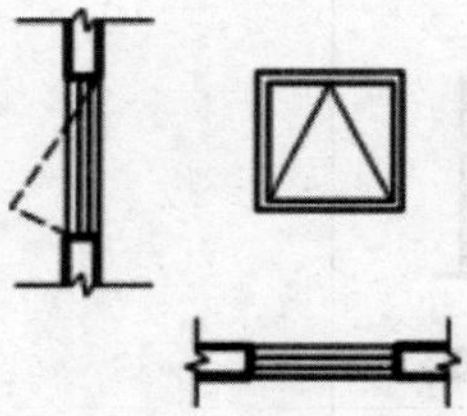

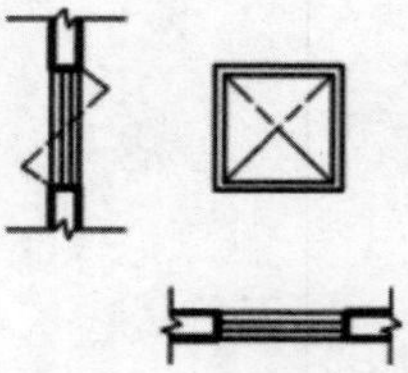

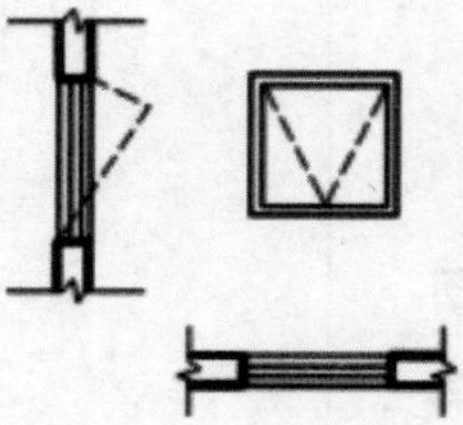

序号	名称	图例	备注
41	立转窗	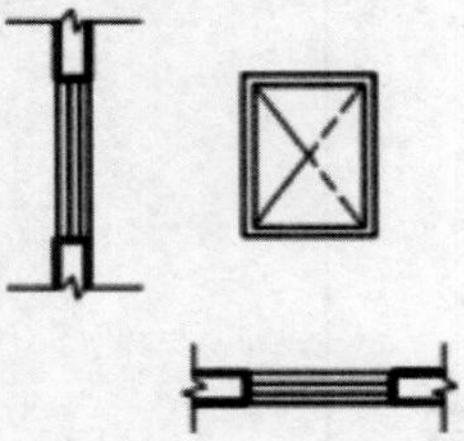	
42	内开平开内倾窗	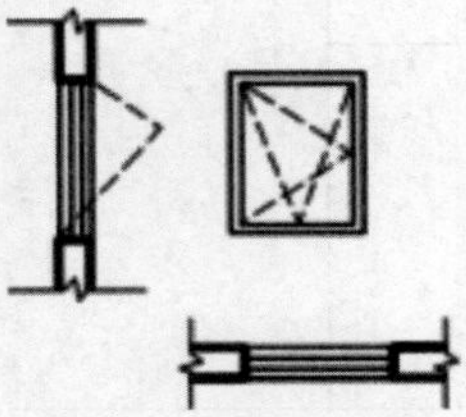	1. 窗的名称代号用 C 表示 2. 平面图中，下为外，上为内 3. 立面图中，开启线实线为外开，虚线为内开，开启线交角的一侧为安装合页一侧，开启线在建筑立面图中可不表示，在门窗立面大样图中需绘出 4. 剖面图中，左为外，右为内，虚线仅表示开启方向，项目设计不表示 5. 附加纱扇应以文字说明，在平、立、剖面图中均不表示 6. 立面形式应按实际情况绘制
	单层外开平开窗	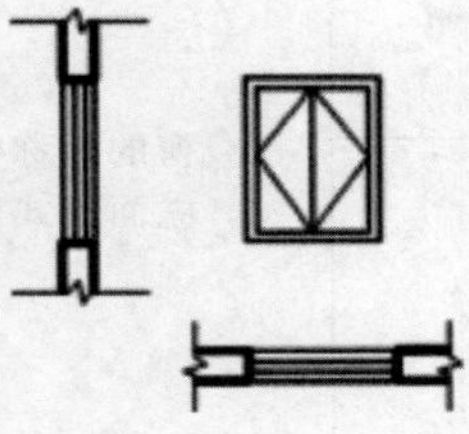	
43	单层内开平开窗	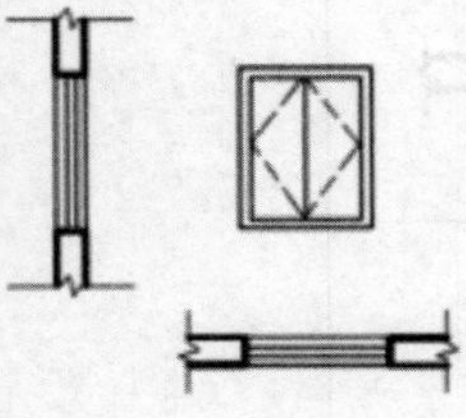	
	双层内外开平开窗	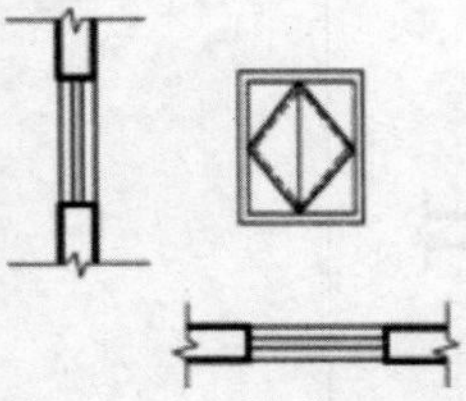	

序号	名称	图例	备 注
44	单层推拉窗		
	双层推拉窗		
45	上推窗		1. 窗的名称代号用 C 表示 2. 立面形式应按实际情况绘制
46	百叶窗		

序号	名称	图例	备注
47	高窗	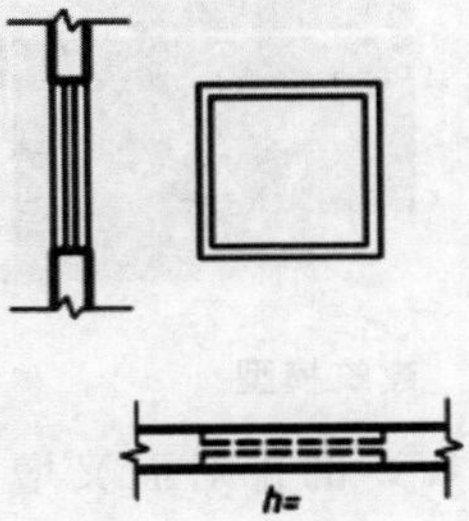	1. 窗的名称代号用 C 表示 2. 立面图中，开启线实线为外开，虚线为内开，开启线交角的一侧为安装合页一侧，开启线在建筑立面图中可不表示，在门窗立面大样图中需绘出 3. 剖面图中，左为外，右为内 4. 立面形式应按实际情况绘制 5. h 表示高窗底距本层地面标高 6. 高窗开启方式参考其他窗型
48	平推窗	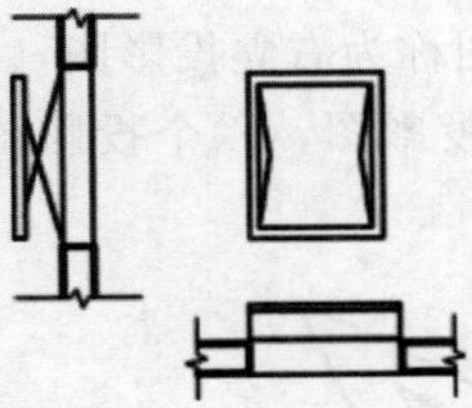	1. 窗的名称代号用 C 表示 2. 立面形式应按实际情况绘制

第四节　建筑形体常见表达方法

一、基本投影图

1. 多面正投影图

三面投影体系是由水平投影面、正立投影面和侧立投影面组成的，所作形体的投影图分别是水平投影图、正立投影图和侧立投影图。

而对于大多数建筑物，其正面和背面不一定相同，左侧面和右侧面也不一定相同。如图 3-10 所示，是两组建筑模型，仅用三面投影图表示，很显然表达不全面。

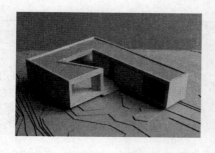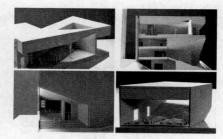

图 3 - 10　建筑模型

　　因此，在原有三投影面（H、V、W）的正对面又增加了三个投影面：在水平投影面对面增加的投影面用 H_1 表示，其上投影图为底面图；在正立投影面对面增加的投影面用 V_1 表示，其上投影图为背立投影图；在左侧立面对面增加的投影面用 W_1 表示，其上投影图称为右立投影图（图 3 - 11）。

　　以上六个投影图称为形体的基本投影图，六个投影图的展开方法如图 3 - 11 所示。

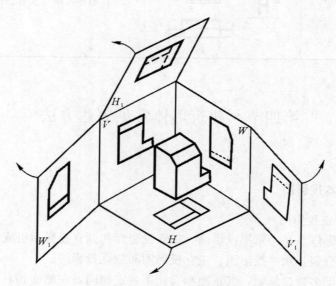

图 3 - 11　形体的多面投影图

　　如将这六个投影图放在一张图纸上，各投影图的位置宜按图 3 - 12 所示的顺序排列。

　　提示：基本投影图中需将形体的可见面和不可见面均画出。

138

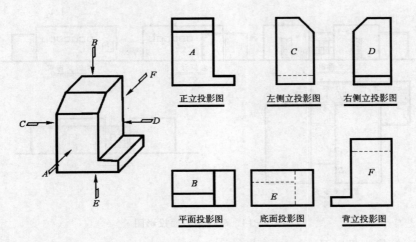

图 3 - 12　形体的展开多面投影图

有些形体由互相不垂直的两部分组成，作投影图时，可以将平行于其中一部分的面作为一个投影面，而另一部分必然与这个投影面不平行，在该投影面上的投影将不反映实形，不能具体反映形体的形状和大小。

为此，将该部分进行旋转，使其旋转到与基本投影面平行的位置，再作投影图，这种投影图称为展开投影图，如图 3 - 13 所示。

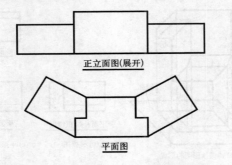

正立面图(展开)

平面图

图 3 - 13　展开投影图

【温馨提示】
　　建筑物形体不画底面图。立面图和屋顶平面图只画可见面和线，不可见面、线不画。

图 3 - 14 是某栋建筑物的四个立面图和一个屋顶平面图。应用多面投影图绘图（只画出可见面）。

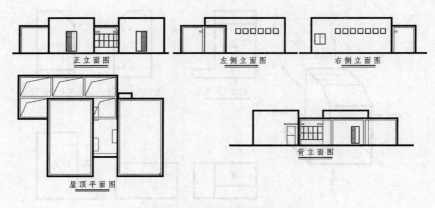

正立面图　　　　　　　左侧立面图　　　　　　右侧立面图

背立面图

屋顶平面图

图 3 - 14　建筑物多面投影图

2. 镜像正投影图

当从上向下的正投影法所绘图样的虚线过多、尺寸标注不清楚、无法读图时，可以采用镜像投影的方法投影，如图 3 - 15 所示，但应在原有图名后注写"镜像"二字。

绘图时，把镜面放在形体下方，代替水平投影面，形体在镜面中反射得到的图像，称为"平面图（镜像）"。

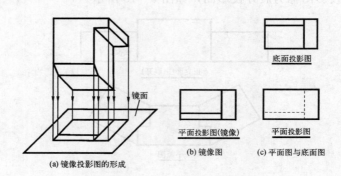

底面投影图

镜面

平面投影图(镜像)　　　平面投影图

(a) 镜像投影图的形成　　　(b) 镜像图　　　(c) 平面图与底面图

图 3 - 15　镜像正投影图

3. 多面立面图

图 3 - 16 所示为一栋简单平房的投影图。图中有大量不可见墙线、窗线和门线，均为虚线。图中线、面关系比较复杂，因此通常只画可见面和线，不可见部分省略不画。

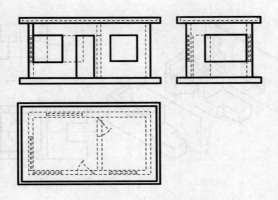

图 3-16 平房的投影图

二、剖面图与断面图

为了能在图中直接表示出形体的内部形状，减少图中的虚线，并使虚线变成实线，使不可见的轮廓线变成可见轮廓线，工程中通常采用剖切的方法，用剖面图和断面图来表达。

剖面图和断面图在建筑工程图中应用极为广泛，不论是建筑施工图，还是结构施工图，不论是平、剖面图，还是详图，都需要采用剖面图和断面图的形式来表达。在一套施工图纸中，它们占有较大的数量，因此掌握和应用剖面图和断面图，是学习建筑识图的基础。

1. 剖面图和断面图的形成与分类

剖面图的形成见图 3-17、图 3-18。

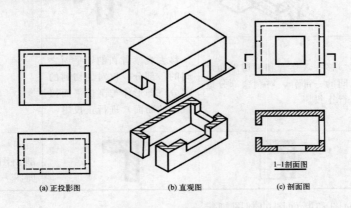

(a) 正投影图　　　　　(b) 直观图　　　　　(c) 剖面图

图 3-17　剖面图的形成

141

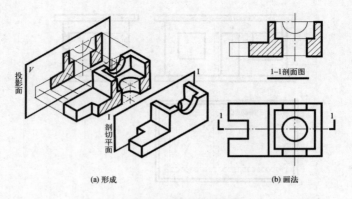

(a) 形成　　　　　　　　　　　　　　(b) 画法

图 3 – 18　剖面图的形成

剖面图和断面图的形成见表 3 – 8。

表 3 – 8　　　　　　　　　　　剖面图与断面图的形成

剖面图			备注
形体的剖切	断面　P　剖切平面		假设用一个平行于某投影面（如 V 面、W 面）的剖切平面在形体的适当部位将形体剖开
剖切的投影	投射方向 移去观察者和剖切平面之间的一部分，对剩余部分进行正投影	投射方向 移去观察者和剖切平面之间的一部分，仅对剖切到的部分（即形体与剖切平面接触处的断面）进行正投影	
投影图			同一剖切位置，剖面图中包含断面图

2. 剖面图和断面图的制图规定

剖面图和断面图的制图规定见表 3 – 9。

142

表 3-9			剖面图与断面图的制图规定
	剖面图	断面图	备 注
形体的两面投影图			在形体的正投影图上用剖切符号确定剖切平面的位置以及投射的方向
用假想剖面剖切形体			1. 剖切平面通常为投影面平行面,如面 P 为侧平面 2. 剖切面的位置可用其积聚投影表示。如面 P 可用它的 V、H 面的积聚投影表示其位置
剖切符号	剖切位置线　投射方向线可看作箭头	剖切位置线　数字所在一侧为投射方向	1. 剖视的剖切符号应由剖切位置线和投射方向线组成,均应以粗实线绘制。剖切位置线的长度宜为 6～10 mm;投射方向线应垂直于剖切位置线,长度宜为 4～6 mm,剖切符号不应与其他图线相接触 2. 剖视剖切符号的编号宜采用阿拉伯数字,按顺序由左至右、由下至上连续编排,并应注写在剖视方向线的端部 3. 断面的剖切符号应只用剖切位置线表示,并应以粗实线绘制,长度宜为 6～10 mm 4. 断面剖切符号的编号宜采用阿拉伯数字,按顺序连续编排,并应注写在剖切位置线的一侧,编号所在的一侧应为该断面的剖视方向
剖切后的投影图	1-1剖面图	3-3断面图	1. 剖面图除应画出剖切面切到部分的图形外,还应画出沿投射方向看到的部分,被剖切面切到部分的轮廓线用粗实线绘制,剖切面没有切到,但沿投射方向可以看到的部分,用中实线或细线绘制 2. 断面图只需(用粗实线)画出剖切面切到的图形 3. 被剖切面切到部分的轮廓线(粗实线)内应画出材料图例,当不必指出具体材料时,可用等间距的 45°倾斜细实线表示 4. 剖面图、断面图的图名以剖切符号的编号来命名

3. 剖面图和断面图的分类

（1）剖面图的分类。

剖面图的分类见表 3-10。

表 3-10　　　　　　　　　　　　剖面图的分类

图　例		说　明
全剖面图	1-1剖面图	用一个剖切平面将形体全部剖开所得到的剖面图
半剖面图		如果被剖切的形体是对称的，常把投影图的一半画成剖面图，另一半画形体的外形图，这样可以同时看到形体的外形和内部构造 半剖面图与半外形投影图应以对称符号为界线。剖面图一般应画在水平界线的下侧或垂直界线的右侧 半剖面图一般不画剖切符号
阶梯剖面图		对于有些内部构造较复杂的形体，用一个剖切平面不能将形体内部全部表达清楚时，可用两个互相平行的剖切平面按需要进行剖切，以得到所要的剖面图
局部剖面图		当形体的局部内部构造需要表达清楚时，采用局部剖切所得到的剖面图 局部剖面图与投影图之间用波浪线断开，波浪线是外形和剖面的分界线，波浪线不要超出轮廓线，且波浪线不得与其他图线重合
分层剖切剖面图		对于墙体、地面等构造层次较多的建筑构件，可用分层剖切剖面图表示其内部分层构造 分层剖切剖面图，应按层次以波浪线将各层隔开，波浪线不应与任何图线重合，且波浪线不要超出轮廓线

144

（2）断面图的分类。

断面图的分类见表 3-11。

表 3-11　　　　　　　　　　　　断面图的分类

图　例	说　明
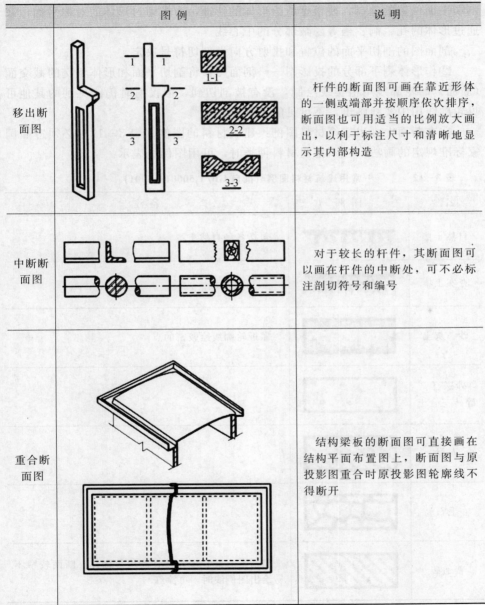	

移出断
面图 — 杆件的断面图可画在靠近形体的一侧或端部并按顺序依次排序，断面图也可用适当的比例放大画出，以利于标注尺寸和清晰地显示其内部构造

中断断
面图 — 对于较长的杆件，其断面图可以画在杆件的中断处，可不必标注剖切符号和编号

重合断
面图 — 结构梁板的断面图可直接画在结构平面布置图上，断面图与原投影图重合时原投影图轮廓线不得断开

4. 剖面图和断面图的绘图步骤

（1）剖面图的绘图步骤。

①确定剖切平面的位置和投射方向：剖切平面一般应平行于某一投影面。剖切平面位置的选择，要根据所绘形体的特征，力求通过形体的对称平面，或通过形体的孔、洞、槽等隐蔽部分的中心线。

剖面图的剖切平面的位置和投射方向由剖切符号决定。

②作形体剩下部分的投影图——剖面图：将剖切平面和形体相交的截交面（断面）的轮廓线用粗实线绘制，没有被剖切到，但投射时仍能见到的其他可见轮廓线用中实线画出，不可见的不画。

③在断面上画出建筑材料图例：建筑材料的图例（表 3-12）必须遵照国家标准规定的画法，当不指明材料种类时，可用图例线表示。

表 3-12　　　常用建筑材料图例（摘自 GB/T 50001—2001）

名称	图例	备注
自然土壤		包括各种自然土壤
夯实土壤		
砂、灰土		靠近轮廓线绘较密的点
砂砾石、碎砖三合土		
石材		
毛石		
普通砖		包括实心砖、多孔砖、砌块等砌体。断面较窄不易绘出图例线时，可涂红

146

续表1

名称	图例	备注
耐火砖		包括耐酸砖等砌体
空心砖		指非承重砖砌体
饰面砖		包括铺地砖、马赛克、陶瓷锦砖、人造大理石等
焦渣、矿渣	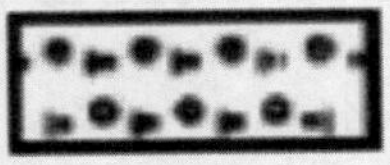	包括与水泥、石灰等混合而成的材料
混凝土		1. 本图例指能承重的混凝土及钢筋混凝土 2. 包括各种强度等级骨料、添加剂的混凝土 3. 在剖面图上画出钢筋时，不画图例线 4. 断面图形小，不易画出图例线时，可涂黑
钢筋混凝土		
多孔材料		包括水泥珍珠岩、沥青珍珠岩、泡沫混凝土、非承重加气混凝土、软木、蛭石制品等
纤维材料		包括矿棉、岩棉、玻璃棉、麻丝、木丝板、纤维板等
泡沫塑料材料	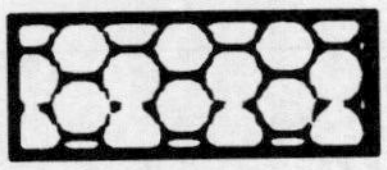	包括聚苯乙烯、聚乙烯、聚氨酯等多孔聚合物类材料
木材		1. 上图为横断面，上左图为垫木、木砖或木龙骨 2. 下图为纵断面
胶合板		应注明为×层胶合板
石膏板		包括圆孔、方孔石膏板，防水石膏板等

名 称	图 例	备 注
金属		1. 包括各种金属 2. 图形小时，可涂黑
网状材料		1. 包括金属、塑料网状材料 2. 应注明具体材料名称
液体	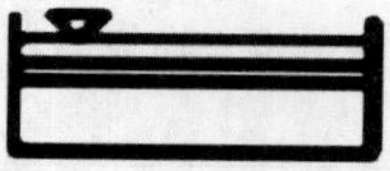	应注明具体液体名称
玻璃		包括平板玻璃、磨砂玻璃、夹丝玻璃、钢化玻璃、中空玻璃、加层玻璃、镀膜玻璃等
橡胶		
塑料		包括各种软、硬塑料及有机玻璃等
防水材料	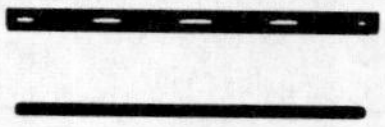	构造层次多或比例大时，采用上面图例
粉刷		本图例采用较稀的点

④标注剖面图图名：剖面图的图名一般以剖切符号的编号来命名。

如图 3-19 所示是房屋外墙大门出入口处的 11、22 剖面图。

（2）断面图的绘图步骤。

断面图的画法与剖面图基本一致，但要注意断面图与剖面图的区别是断面图仅画出剖切平面与形体接触面的断面的正投影图。

【例题 3-1】画出地下窨井框的 11、22 断面图。

作图：11、22 断面图如图 3-20 所示。

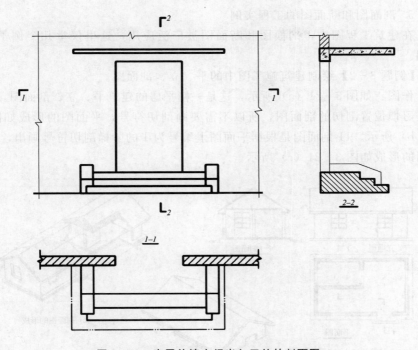

图 3-19 房屋外墙大门出入口处的剖面图

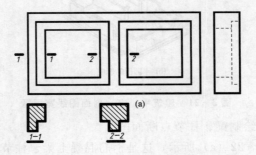

图 3-20 地下窨井框的断面

【温馨提示】

（1）断面图只画出物体被剖切后剖切平面与形体接触的那部分，即只画出截断面的图形，而剖面图则画出被剖切后剩余部分的投影。

（2）断面图和剖面图的符号也有不同，断面图的剖切符号只画长度6～10mm的粗实线作为剖切位置线，不画剖视方向线，编号写在投影方向的一侧。

5. 剖面图和断面图的工程实例

在建筑工程图中，剖面图和断面图被广泛应用，这里仅举几个例子加以说明。

【例题3-2】绘制建筑施工图中的平、立、剖面图。

作图：如图3-21（a）所示，这是一幢平房的建筑平、立、剖面图。平面图是习惯位置剖切的剖面图，所以不需要画剖切符号，平面图的形成如图3-21（b）所示。11剖面图是根据平面图上编号为1的阶梯剖切符号画出，11剖面图的形成如图3-21（c）所示。

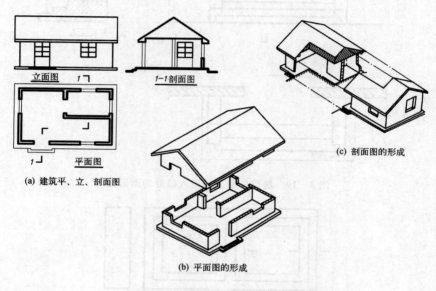

立面图 1

1-1剖面图

(c) 剖面图的形成

1 平面图

(a) 建筑平、立、剖面图

(b) 平面图的形成

图 3-21 建筑平、立、剖面图线宽示意

【例题3-3】绘制梁、柱节点断面图。

作图：如图3-22（a）所示，这是钢筋混凝土梁、柱节点的正立面和断面图，图3-22（b）为轴测图。

梁（花篮梁）的断面形状和尺寸由11断面图表示，楼面上方柱的断面形状和尺寸由22断面图表示，楼面下方柱的断面形状和尺寸由33断面图表示。这三个断面图均为移出断面图，断面图中用图例表示梁、柱的材料均为钢筋混凝土。

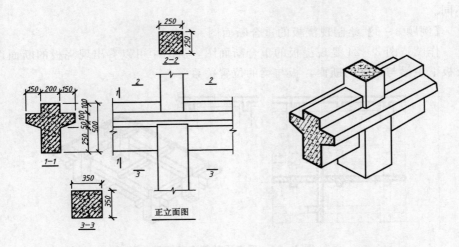

（a）梁、柱节点的立面图和断面图 （b）轴测图

图 3 - 22 梁、柱节点断面图

【例题 3 - 4】绘制梁的剖面图和断面图。

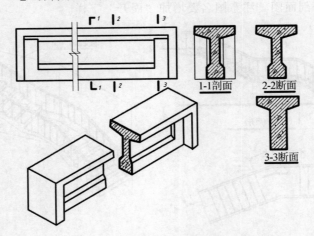

图 3 - 23 梁的剖面图和断面图

作图：如图 3 - 23 所示，这是钢筋混凝土梁的剖面图和断面图。在立面图上用三个剖切符号分别表示它们的剖切位置和投射方向。11 剖面图是全剖面图，22、33 断面图是移出断面。要注意的是 11 剖面图和 22 断面图的剖切位置和投射方向基本一致，但它们图示的内容却不一致，22 断面图是 11 剖面图的一部分；22 断面图和 33 断面图由于剖切位置不同，所以图示的内容也

不同。

【例题3-5】绘制现浇板的重合断面图。

作图：图3-24是现浇板的重合断面图，从图中可以看出现浇板的断面以及板下主梁与次梁的断面，板与梁的位置关系等。

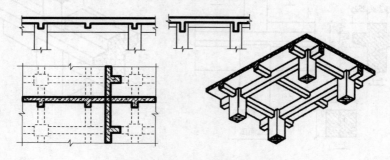

图3-24 现浇板的重合断面图

【例题3-6】绘制楼梯的展开剖面图。

作图：如图3-25所示，用两个或两个以上相交剖切平面将形体剖切开，画出楼梯展开剖面图。注意图名要增加"展开"字样。

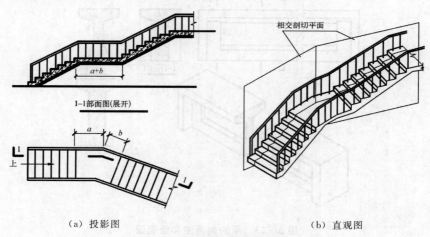

（a）投影图　　　　　　　　　　　（b）直观图

图3-25 楼梯展开剖面图

三、简化画法简介

对于某些特殊建筑物、配件，如对称形，相同要素重复排列，长度过长等，我们应该考虑如何简化画法，以节省图面。

1. 对称省略画法

当建筑物形体、构配件有对称轴时，可以只画出形体投影图的一半，如图3-26（a）所示，图3-26（b）是对称符号。

图形也可稍超出其对称线，此时可不画对称符号（图3-27）。

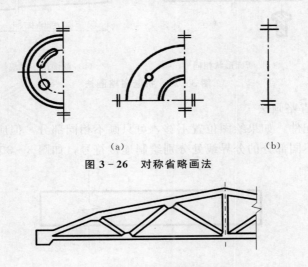

（a）　　　　　　　　　（b）

图 3-26　对称省略画法

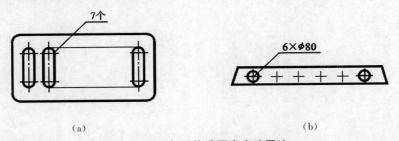

图 3-27　不画对称符号的画法

2. 相同构造要素省略画法

构配件内有多个完全相同而连续排列的构造要素时，可仅在两端或适当位置画出其完整形状，其余部分以中心线或中心线交点表示。如图3-28（a）所示，在一块钢板上有7个形状相同的孔洞。在图3-28（b）中，预应力空心楼板上有6个直径为80mm的孔洞。

7个

6×φ80

（a）　　　　　　　　　　（b）

图 3-28　相同构造要素省略画法

3. 折断省略画法

对于较长的构件，断面形状相同或变化规律相同时，可以假想将形体断开，省略其中间的部分，而将两端靠拢画出，然后在断开处画折断符号，如图

3-29 所示。

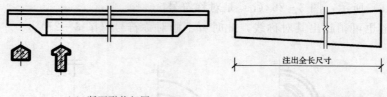

（a）断面形状相同　　　　　　　（b）断面按一定规律变化

图 3-29　折断省略画法

4. 连接省略画法

一个构配件，如果绘图位置不够，可只画不相同部分，但应在两个构件的相同部分与不同部分的分界线处分别绘制连接符号，如图 3-30 所示。

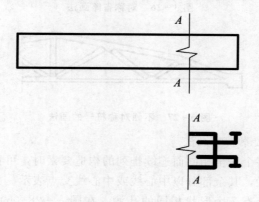

图 3-30　连接省略画法

154

第四章 建筑工程设计图识读

第一节 建筑总平面图识读

一、建筑总平面图的形成及用途

建筑总平面图是将新建工程四周一定范围内的新建、拟建、原有和需拆除的建筑物、构筑物及其周围的地形、地物，用正投影法和相应的图例画出的图样，简称总平面图。

建筑总平面图用于表达建筑的总体布局及其与周围环境的关系，是新建筑定位、放线及布置施工现场的依据。

二、建筑总平面图的内容与图示方法

1. 图样

（1）图线：总平面图中的图样包括建筑、绿化、道路、构筑物等图例，它们都需要由各种图线表示。根据图纸功能，图线需按照规定的线形选用，详见表3-3。

（2）图例：为了绘图简便，表达清楚，国家标准《总图制图标准》（GB/T 50103—2010）规定了一系列的总平面图图例、绿化图例，详见表3-4、表3-5。

2. 图名、比例

（1）图名：一般命名为总平面图。

（2）比例：建筑总平面图表达的范围比较大，所以工程中通常采用1：

500、1∶1000、1∶2000 等较小的比例，常使用 1∶500。

3. 标注

（1）尺寸：总平面图上所标注的尺寸一律以 m（米）为单位。通常标注新建建筑的总体尺寸以及和相邻建筑、道路、围墙等部分的间距。

（2）坐标：常用的坐标有两种形式——测量坐标网和建筑坐标网，如图 4 -1 所示。

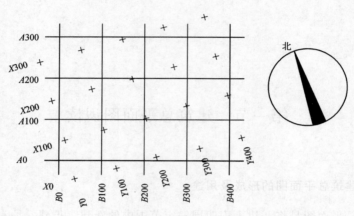

图 4 - 1　测量坐标与建筑坐标网格

测量坐标网，即在地形图上画成交叉十字线，坐标代号宜用"X、Y"表示，南北方向为 X 轴，东西方向为 Y 轴。

另一种是建筑坐标网，画成网格通线，坐标代号宜用"A、B"表示，A 轴相当于测量坐标网中的 X 轴，B 轴相当于测量坐标网中的 Y 轴。坐标值为负数时应注"－"号，"＋"号可以省略。

当建筑物与坐标轴线平行时，可标注其对角坐标。与坐标轴线成角度或建筑平面复杂时宜标注三个以上坐标，坐标宜标注在图纸上。根据工程具体情况，建筑物也可用相对尺寸定位。

新建建筑按测量坐标网或建筑坐标网来确定其平面位置。放线时应根据现场已有点的坐标，用仪器来测出新建建筑的坐标。

（3）标高：总平面图中标注的标高，应为绝对标高；当标注相对标高时，则应注明相对标高与绝对标高的换算关系。

标高一般标注在新建建筑的底层室内地面和室外设计地面处。此外，构筑物、道路中心的交叉口等处也需要标注标高，以表明该处的高程。

如果该建筑区地形起伏较大，还应画出地形等高线。

　　绝对标高：我国把青岛附近黄海的多年平均海平面定为绝对标高的零点，其他各地相对于它的标高称为绝对标高。建筑工程图中，只有总平面图标注绝对标高。

　　相对标高：以建筑物首层主要入口处室内地面作为基准面（即零点标高±0.000），建筑物其他部分相对于它的标高称为相对标高。除总平面图外，其他建筑工程图均标注相对标高。

　　标高的表示法：标高符号是高度为 3mm 的等腰直角三角形，如图 4-2 所示。

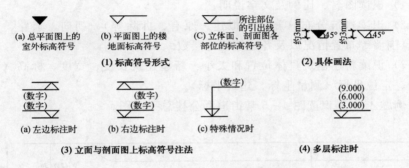

图 4-2　标高符号及表示方法

　　（4）朝向与风向：

　　①朝向：新建房屋的朝向可由总平面图中的指北针确定。指北针的细实线（0.25b）圆直径以 24mm 为宜，指针下端宽度为 3mm，圆外指针尖端处应注写"北"字，如图 4-3 所示。

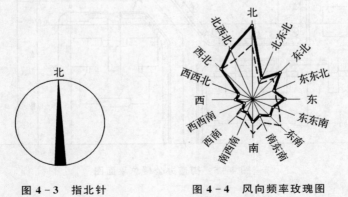

图 4-3　指北针　　　　　图 4-4　风向频率玫瑰图

②风向：建筑总平面图中一般均画出带有指北方向的风向频率玫瑰图（简称风玫瑰图），以表示建筑物当地的风向频率。

风玫瑰图是根据当地多年平均统计的各个方向吹风次数的百分数，按一定比例绘制的，风的吹向是指从外吹向中心。在风玫瑰图中，实线表示全年的风向频率，离中心点最远的风向表示该风向的频率最多，称为当地的常年主导风向。虚线表示当地夏季6月、7月、8月3个月的风向频率。如图4-4所示。

（5）层数：房屋的楼层数用建筑物图形右上角的小黑点数或数字表示。

三、建筑总平面图的识读步骤

（1）识读图名、比例及文字说明。

（2）识读建筑分布（新建、拟建、原有、拆除等）、朝向、道路、场地、绿化、围墙等布置情况以及各建筑物的层数。

（3）识读新建建筑具体位置和大小：新建建筑长度、宽度、标高（室外、室内）、定位坐标（测量坐标、建筑坐标）。

【例题4-1】识读图4-5某街道办公楼总平面图。

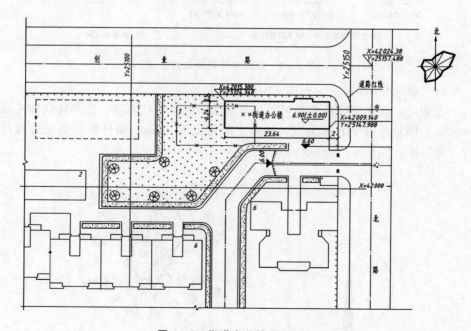

图4-5　街道办公楼总平面图

解答：参照建筑总平面图识读步骤及前文知识介绍，得到以下内容：

①本图为"总平面图"，比例为1:500，在"创业路"与"市心北路"交汇的西南位置，有新建建筑1幢、拟建建筑1幢、原有建筑3幢（分别是两栋6层、一栋2层），围绕中间绿地分立周边。

②图中用粗实线绘制的平面图形为新建建筑"××街道办公楼"。该建筑是在原一层平房拆除后兴建，共4层；一层室内地面标高是±0.000，相当于绝对标高6.90m，室外设计地面绝对标高6.60m，新建道路中心线处绝对标高6.00m；建筑右下角和左上角分别标注测量坐标值；占地尺寸为：长×宽＝23.64m×6.24m。

③新建建筑位于"创业路"与"市心北路"交汇处的西南方向，西侧有小片绿化景观，与东西走向的围墙相距1.5m，与南北走向的围墙相距2m，右上角的风向玫瑰图表明了该地区常年风向频率。

第二节　建筑平面图识读

一、建筑平面图的形成及用途

图4-6是一局部建筑平面图。建筑平面图是假设用一个水平的剖切平面，沿房屋各层窗台以上位置将房屋切开（距离室内地面1.2m左右），移去剖切平面以上部分，向下投射所作的水平剖面图，简称平面图。

建筑平面图反映了建筑物的平面形状、大小、内部分隔和使用功能；墙或柱的位置、材料和尺寸；门窗位置、洞口尺寸和开启方向；楼梯、通道以及其他建筑构配件的设置情况。

建筑平面图是最重要的图样之一，是施工放线、墙体砌筑、门窗安装、预留孔洞及工程量计算的重要依据。

二、建筑平面图的内容与图示方法

1. 图样

建筑平面图的图样是用各种图线和图例符号表示的，《建筑制图标准》（GB/T 50104—2010）规定了各种图线画法和常用的图例符号，详见表3-6、表3-7。

因建筑平面图是按照剖面图绘制而成的，因此应按剖面图的图示方法，即被剖切平面剖切到的墙、柱等轮廓用粗实线表示，未被剖切到的部分，如室外台阶、散水、楼梯以及尺寸线等用细实线表示，门的开启线用中粗实线表示，详见图 4-6。

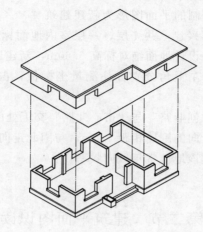

（a）

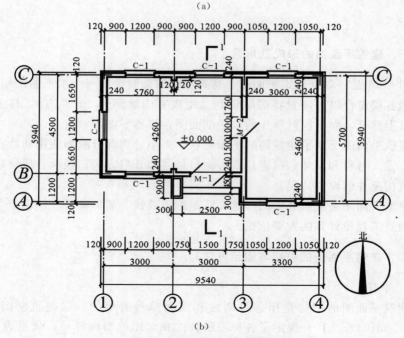

（b）

图 4-6　平面图形成过程及图样

建筑平面图的方向宜与总平面图的方向一致，平面图的长边宜与横式幅面图纸的长边一致。

2. 图名、比例

建筑平面图的图名，是按其所在楼层来命名的，如一层（或底层）平面图、二层平面图、顶层平面图等。当某些楼层布置相同时，可以只画出其中一个平面图，称其为标准层平面图。屋面需要专门绘制其水平投影图，称为屋顶平面图。

建筑平面图的常用比例是 1：50、1：100 或 1：200，其中 1：100 使用最多。

3. 标注

（1）定位轴线：在房屋施工图中，用来确定房屋基础、墙、柱、梁等承重构件的相对位置，并带有编号的轴线称为定位轴线。它是施工放线、测量定位、结构设计的重要依据。

定位轴线的绘制采用细单点长划线，端部为直径 8～10mm 的细实线圆，圆内标注轴线编号的数字。其中，房屋的横向墙、柱轴线称横向定位轴线，编号用阿拉伯数字，按水平方向从左至右顺序编写；房屋的纵向墙、柱轴线称为纵向定位轴线，用大写拉丁字母，按垂直方向从下至上顺序编写；注意拉丁字母中的 I、O、Z 三个字母不得作为轴线编号，以免与数字 1、0、2 混淆，见图 4－7。

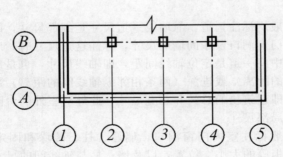

图 4－7　定位轴线编号和顺序

对于非承重构件，可画附加轴线，其编号用分数形式表示，如图 5-12

中的 ⊘。分母表示前一主要定位轴线的编号，分子表示附加的第几条轴

线，详见表 4-1。

表 4-1   附加定位轴线编号

名称	轴线编号	说　明
附加定位轴线编号	①/2	表示 2 号轴线之后附加的第一根轴线
	③/C	表示 C 号轴线之后附加的第三根轴线
	①/01	表示 1 号轴线之前附加的第一根轴线
	③/0A	表示 A 号轴线之前附加的第三根轴线

（2）尺寸标注：在建筑平面图中的尺寸标注有外部尺寸和内部尺寸两种。通过尺寸的标注，可反映出建筑物房间的开间、进深、门窗以及各种设备的大小和位置。

外部尺寸一般均标注三道。靠墙第一道尺寸是细部尺寸，即建筑物构配件的详细尺寸，如门窗洞口及中间墙的尺寸，标注这道尺寸时，应与最近的定位轴线联系起来；中间一道是定位轴线间距，即轴线尺寸，也是房屋的开间（两条相邻横轴线间的距离）或进深（两条相邻纵轴线间的距离）尺寸；最外一道是外包总尺寸，即建筑物的总长和总宽尺寸；此外对室外的台阶、散水、明沟等处可另外标注局部尺寸。

内部尺寸一般标注室内门窗洞口、墙厚、柱、砖垛和固定设备，如大便器、盥洗池、吊柜等的大小、位置，以及墙、柱与轴线间的尺寸等。

（3）标高：在建筑平面图中，对于建筑物的各组成部分，如地面、楼面、楼梯平台、室外台阶、走道、阳台等处，由于它们的竖向高度不同，一般都应分别标注标高。建筑平面图中的标高都是相对标高，标高基准面±0.000 为本建筑物的首层主要入口处室内地面。

（4）剖切符号：仅在底层平面图上标注剖切符号，它标明剖切平面的剖切位置、投射方向和编号，以便于与建筑剖面图对照查阅。

（5）指北针：仅在底层平面图上标注指北针，用以确定建筑物的朝向。

（6）详图索引符号：建筑工程图中某一局部或构件如无法表达清楚时，通常将其用较大的比例放大画出详图。为了便于查找及对照阅读，可通过索引符号和详图符号来反映基本图与详图之间的对应关系，详见表4-2。

表4-2　　　　　　　　　　索引符号和详图

名称	符号	说明
索引符号	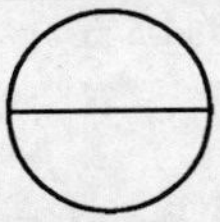 （圆加水平直径）	索引符号由直径为10mm的圆和水平直径组成，圆及水平直线均应以细实线绘制
	 （5／—）	索引出的详图，如与被索引的图样同在一张图纸内，应在索引符号的上半圆中用阿拉伯数字注明该详图的编号，并在下半圆中间画一段水平细实线
	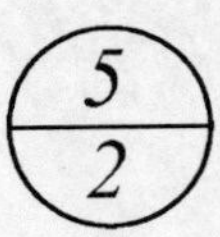 （5／2）	索引出的详图，如与被索引的图样不在同一张图纸内，应在索引符号的上半圆中用阿拉伯数字注明该详图的编号，在索引符号的下半圆中用阿拉伯数字注明该详图所在图纸的编号。数字较多时，可加文字标注
	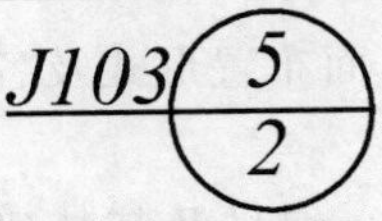 J103（5／2）	索引出的详图，如采用标准图，应在索引符号水平直径的延长线上加注该标准图册的编号
剖视详图索引符号	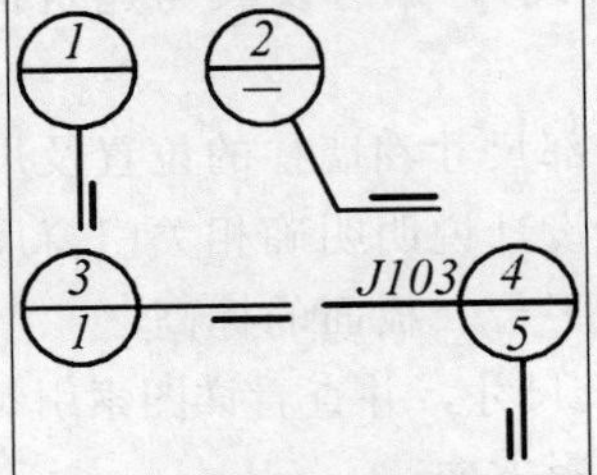 （1／—）（2／—）（3／1）J103（4／5）	索引符号如用于索引剖视详图，应在被剖切的部位绘制剖切位置线，并以引出线引出索引符号，引出线所在的一侧应为投射方向
详图符号	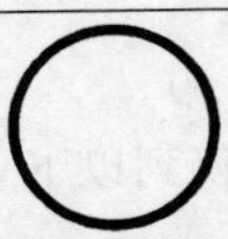 （粗实线圆）	详图的位置和编号应以详图符号表示。详图符号的圆应以直径为14mm的粗实线绘制
	 （5）	详图与被索引的图样同在一张图纸内时，应在详图符号内用阿拉伯数字注明详图的编号
	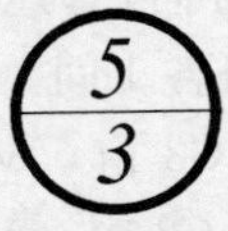 （5／3）	详图与被索引的图样不在同一张图纸内时，应用细实线在详图符号内画一水平直径，在上半圆中注明详图编号，在下半圆中注明被索引的图纸的编号

4. 其他：门窗的位置和编号

在建筑平面图中，反映了门窗的位置、洞口宽度及其与轴线的位置关系。为了便于识读，国家标准中规定门的名称代号用 M 表示，窗的名称代号用 C 表示，并要加以编号。编号可用阿拉伯数字顺序编写，如 M1、M2⋯和 C1、C2⋯，也可直接采用标准图上的编号。窗洞有凸出的窗台，应在窗的图例上画出窗台的投影，用两条平行的细实线表示窗框及窗扇的位置。

【小贴士】

通常在建筑施工图中要绘制门窗汇总表（简称门窗表），它反映了门窗的规格、型号、数量和所选用的标准图集。门窗虽然用图例表示，但门窗洞的大小及其形式都应按投影关系画出。门窗的具体构造，需要看门窗的构造详图。

三、建筑平面图的识读步骤

（1）阅读图名、比例及有关文字说明。

（2）借助指北针了解建筑物的朝向；了解建筑平面布置形式及各房间的位置和使用功能。

（3）仔细阅读纵、横向定位轴线（含附加轴线），编号及其与建筑构件的位置关系，包括建筑物的平面形状、总长、总宽。

（4）识读各房间、楼梯间的开间、进深、细部尺寸和墙柱的位置及尺寸。

（5）了解门窗的布置、数量及型号，并结合设计说明明确相关门窗尺寸。

（6）了解各层楼或地面以及室外地坪、其他平台、板面的标高。

（7）详细识读建筑构配件及各种设施的位置及尺寸，并查看详图索引符号。

（8）识读剖切符号，确定具体剖切位置及投影方向。

【例题 4-2】识读某街道办公楼一层平面图（图 4-8）。

解答：参照建筑平面图识读步骤及前文知识介绍，得到以下识读内容：

①本图为"一层平面图"，比例为 1∶100。

②新建建筑为南北向，横向定位轴线有 7 根，①～⑦轴；纵向定位轴线有 3 根；另有 1 根附加轴线。

③建筑物总长（水平方向）为 23640，总宽（垂直方向）为 6840；有 4 间办公室，开间均为 3900，进深 6000；卫生间和辅助用房各 1 间。

④4 间办公室 B 轴外墙上有 C2 窗，A 轴外墙上有 C3 窗，M1 内平开门；男卫生间有 1 扇 C4 窗、1 扇 M2 外平开门；辅助用房有 C2 窗、M1 内平开门。

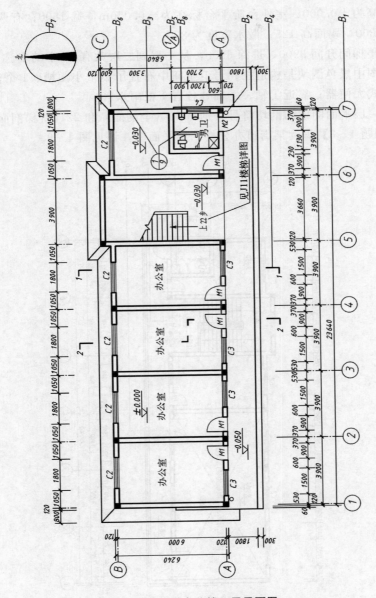

图 4-8　街道办公楼一层平面图

⑤内、外墙厚均为 240，轴线居中；C2 窗宽 1800，C3 窗宽 1500，C4 窗宽 1200；M1、M2 门宽均为 900。

⑥平面图中楼梯间、卫生间的室内地坪标高均为 −0.030m，其他办公室

165

室内标高为±0.000；室外台阶平台标高为－0.050m，宽1800；有两级踏步，踏面宽300，踢面高125；散水宽度为800。

⑦楼梯间开间3900，进深6600，从一层到二层共有22个踏步。

⑧图中黑色图块是构造柱；男卫生间中布置了2个小便槽、1个洗污池和一个蹲式大便器；靠近①轴、⑦轴处各有1根雨水管。

⑨一层平面图中的剖切符号分别是11（全剖面）和22（阶梯剖面）。

【例题4-3】识读某街道办公楼四层平面图，详见图4-9。

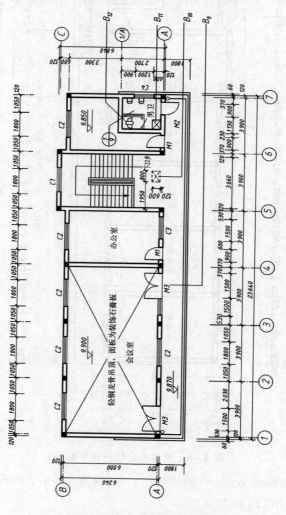

图4-9　街道办公楼四层平面图

解答：与一层平面图不同的部分识读如下：

①会议室室内地面标高 9.900，2 扇 M2 为双扇内平开门，4 扇 C2 窗。

②外走廊地面标高为 9.870。

③楼梯楼层平台虚线图例是屋面上入口，定型尺寸和定位尺寸见图。

④男卫生间及邻近辅助用房室内地面标高 9.850。

【例题 4-3】识读某街道办公楼屋顶平面图，详见图 4-10。

分析：该街道办公楼屋面为单坡有组织外排水，屋面排水坡度 2%，内垫坡纵坡和外走廊雨罩排水坡度均为 1%，设 2 个雨水口。

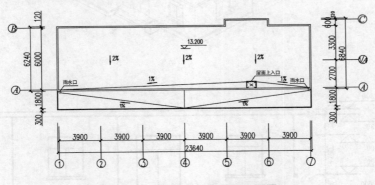

图 4-10 街道办公楼屋顶平面图

【温馨提示】

建筑标高与结构标高的区别：

建筑标高：建筑装修完成后各部位表面的标高。

结构标高：建筑结构构件表面的标高。

各楼层标高应标注建筑标高，屋顶、各洞口、梁底应标注结构标高。

第三节　建筑立面图识读

一、建筑立面图的形成及用途

建筑立面图是选择一平行于外墙面的平面为投影面，依据正投影法绘制出来的正投影图，如图 4-11 所示。与正立投影图、侧立投影图有所不同，建筑

167

立面图只需画出建筑物的可见面和线，不可见的面、线则不画。

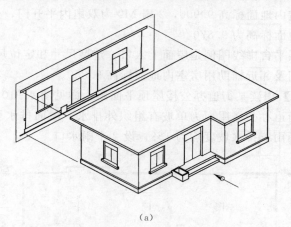

（a）

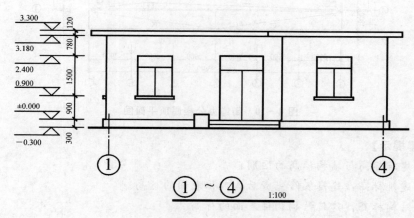

（b）

图 4 – 11　立面图的形成

　　每个建筑立面图只能够反映建筑物的二维形体特征，需要将几个立面图和平面图结合起来识读，才能够了解建筑的形体组合形式。建筑立面图还需要通过标注高度方向尺寸和相对标高、外墙面分格及其所用外墙装修材料名称（或编号）及其颜色，用于指导建筑外墙装饰施工。

二、建筑立面图的内容与图示方法

　　以图 4 – 12 为例，建筑立面图内容与图示方法如下。

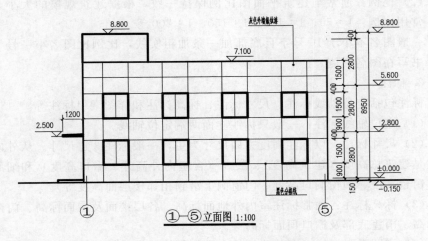

图 4-12 建筑立面图内容与图示方法

1. 图样

以正投影法绘出建筑可见面、线。具体包括：建筑物形体的内外轮廓线（如室外地面线、室外台阶轮廓、外墙上的门窗洞、窗台轮廓、雨篷、阳台栏板、外走廊栏板、檐口、雨水管、屋顶等）、墙面及门窗分格线等。

【温馨提示】

　　在立面图中画不出各层楼地面线（不可见）。

建筑立面图的图线要求有：室外地坪线为加粗实线（1.4b），外轮廓线用粗实线（b），内轮廓线（如门窗洞、阳台、雨篷、室外台阶、遮阳板、挑檐口等）用中实线（0.5b），分格线（外墙面分格线、门窗扇分格线）用细实线（0.25b），当需要在立面图中表示出门窗开启方式时，以倾斜细实线表示外开门窗扇、细虚线表示内开门窗扇，见表 3-7。

2. 图名、比例

（1）图名：建筑立面图通常有三种命名方法，如图 4-13 所示。在建筑施工图中，应该以立面图两端的定位轴线编号来命名。如图 4-13 所示，最左侧定位轴线编号加上最右侧定位轴线编号命名为①～⑦立面图。这种命名方式最为精准，在表达和理解方面都不容易产生错误。此外，还有按照立面的朝向（东立面图、南立面图、西立面图、北立面图）和主要入口所在立面（正立面图、背立面图、侧立面图）两种命名方式。

（2）比例：通常与建筑平面图比例保持一致，根据建筑规模的大小来决定。常用比例：1∶50、1∶100、1∶150、1∶200 等。

一般图名不小于 10 号字且底部加一条加粗实线，比例比图名小一号字即可，书写在图名右侧。

3. 标注

标注包括定位轴线标注、尺寸标注、标高标注和详图索引标注等。

（1）定位轴线标注：一般只标注立面两端定位轴线。

（2）尺寸标注：以标注高度方向尺寸为主，一般标注 3 道尺寸。从外向内依次是建筑总高度（建筑高度）、层高（含室内外高差、檐口高度）和细部尺寸（窗台高度、门窗洞口高度、门窗洞上沿到相邻楼层面高度等）。

（3）标高标注：通常标注室内外地面标高、各层楼面及屋面标高、门窗洞口标高、雨篷底部及檐口顶面标高等。

（4）详图索引标注：有些建筑的立面细部构造有较特殊的做法，需要另配设计详图，则需要在立面图上标注详图索引符号，以说明其所在的图纸页码及详图编号（或选用通用图集编号、页码及其详图编号）。

4. 文字说明

主要针对立面装修选材、图块分格，颜色较复杂的建筑立面需要进行文字标注，主要说明外墙装修名称、建筑材料及颜色。标注时需要配有引出线加以定位。

【温馨提示】

建筑高度：是指从建筑室外设计地面到建筑主体部分的檐口或女儿墙顶面的垂直距离，是界定高层建筑的重要参数。

建筑总高度：是从室外设计地面到建筑最高处构件顶面的垂直距离。

层高：是指相邻两楼地面之间的距离。

窗台高：窗台表面到同层楼地面顶面之间的距离。民用建筑中普通窗窗台高度多为 900mm 或 1000mm。

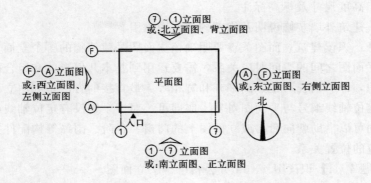

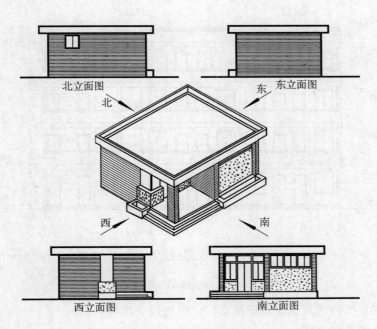

图 4 - 13　立面图的命名

三、建筑立面图的识读步骤

（1）了解图名和比例。

（2）了解建筑物立面特征，如建筑立面设计风格以及室外台阶位置、门窗形式及大小、雨篷、阳台、檐口、屋顶形式等。

（3）结合各层平面图识读立面图中相对应的定位轴线、建筑构配件空间位

171

置关系、高度尺寸及标高标注。

（4）建筑外墙装修说明及细部构造详图索引。

注意：识读建筑立面图关键要明确该立面图是建筑物的哪个立面。要准确判断与平面图之间的空间对应关系，需要运用到基本几何形体和组合体三面正投影知识，即所谓长对正、高平齐和宽相等。最直接的方法是利用立面图两端标注的定位轴线编号与平面图对号入座即可。对于个别没有定位轴线标注的立面图，则可以借助朝向命名或立面图上的门窗、台阶、雨篷等构配件找到与平面图对应的位置关系。

【例题 4-4】识读图 4-14 办公楼①～⑦立面图。

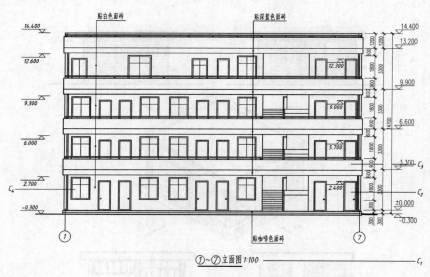

图 4-14　办公楼①～⑦立面图

解答：参照建筑立面图识读步骤，得到以下内容：

（1）图名和比例：

图名：①～⑦立面图。

比例：1：100。

（2）建筑物立面特征：4 层，外走廊，有 3 级室外台阶，2 根雨水管，平屋顶，女儿墙檐口。

（3）标注：

①定位轴线标注：两端定位轴线分别是横向定位轴线①和⑦。

②尺寸标注：建筑高度 14700，室内外高差 300，层高均为 3300，窗台高

172

度 900，窗洞高 1800，门洞高 2400。

③标高标注：室外地坪标高－0.300m；室内首层地坪标高±0.000m；首层室外平台标高－0.050m；二至四层楼面标高分别是 3.300、6.600、9.900；屋面板板顶标高 13.200（结构标高）；一至四层窗洞顶面标高分别是 2.700、6.000、9.300、12.600；一至四层门洞顶面标高分别是 2.400、5.700、9.000、12.300；二至四层外走廊挑梁底面标高分别是 2.900、6.200、9.500；四层外走廊雨罩梁底面标高 12.800，雨罩板顶面标高 14.250。

（4）外墙装修：主墙面为贴白色面砖加深蓝色面砖装饰线条，室外台阶贴咖啡色面砖。

第四节　建筑剖面图识读

一、建筑剖面图的形成及用途

建筑剖面图是假想用一个或多个垂直于外墙轴线的铅垂剖切平面，沿建筑物内部空间变化较复杂的地方（如：门窗洞口、楼梯间等）剖开，移去靠近观察者的部分，对留下部分所作的正投影图。其中，投影面与剖切面平行且只画出截断面和可见面和线，详见图 4－15。

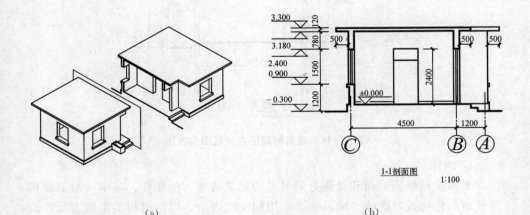

（a）　　　　　　　　　　　　　　　　　　　　（b）

图 4－15　剖面图的形成过程

建筑剖面图的剖切位置应根据图纸的用途或设计深度，在平面图上选择能反映全貌、构造特征以及有代表性的部位剖切。剖切符号可用阿拉伯数字、罗马数字或拉丁字母编号。

建筑剖面图是沿着高度方向反映建筑物的内部空间组合形式、尺寸大小、结构形式和部分内部装修，用于理解建筑各构配件之间的空间位置及构造关系，指导建筑施工。

二、建筑剖面图的内容与图示方法

以图 4 - 16 为例，建筑剖面图内容与图示方法如下。

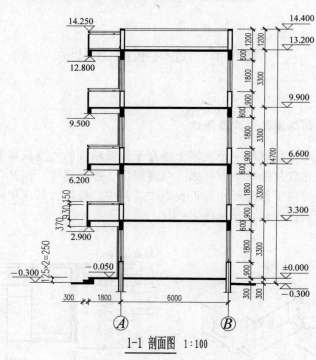

1-1 剖面图 1:100

图 4 - 16 建筑剖面图内容与图示方法

1. 图样

图样应包括剖切面和投影方向可见的建筑构造、构配件。其中，被剖断构件截面的轮廓线（墙体、梁、板等）用粗实线表示，门窗用相关图例表示，构造层用细实线表示；可见的建筑构造、构配件均用细实线表示；室内外地坪用加粗实线表示。

174

当绘图比例等于或小于 1：100 时，钢筋混凝土材料的梁、板截断面需填实；绘图比例大于 1：50 时，其截断面需用建筑材料图例表示；绘图比例等于 1：50 时上述两种表达方式均可。

2. 图名、比例

（1）图名：应与底层平面图上对应位置标注的剖切符号编号一致。如 11 剖面图、22 剖面图等。

（2）比例：通常与建筑平面图相同，如 1：50、1：100、1：150、1：200 等。

剖切符号只绘制在一层建筑平面图上。

3. 标注

标注包括定位轴线标注、尺寸标注、标高标注和详图索引标注等。

（1）定位轴线：一般标注两端定位轴线，有时也标注中间定位轴线。

（2）尺寸标注：与立面图相同，一般标注 3 道高度方向尺寸。从外向内依次是建筑总高度（建筑高度）、层高（含室内外高差、檐口高度）和细部尺寸（窗台高度、门窗洞口高度、门窗洞上沿到相邻楼层面高度等）。根据需要，有时也标注内部尺寸。

（3）标高标注：通常标注室内外地面标高、各层楼面（建筑标高）及屋面板（结构标高）标高、门窗洞口标高、雨篷底部及檐口顶面标高等。

（4）详图索引标注：有些建筑的剖面细部构造有较特殊的做法，需要另配设计详图，则需要在剖面图上标注详图索引符号，说明其所在的图纸页码及详图编号（或选用通用图集编号、页码及其详图编号）。

4. 文字说明

主要针对室内装修进行说明，包括装修名称、建筑材料及颜色等。标注时需要配有引出线加以定位。

三、建筑剖面图的识读步骤

根据图名、定位轴线编号与建筑平面图、建筑立面图找到投影对应关系进行读图。

（1）识读图名和比例。

（2）了解建筑物内部空间组合特征、结构形式、构件位置关系等。

（3）结合各层平面图识读剖面图中相对应的定位轴线、建筑构配件空间位置关系、门窗编号、高度尺寸及标高标注。

（4）建筑室内装修说明及细部构造详图索引。

识读建筑剖面图，关键要明确它的剖切位置和剖视方向，要准确判断与平面图之间的空间对应关系。最直接的方法是利用剖面图的图名找到平面图中的对应位置，再结合两端标注的定位轴线编号与平面图对号入座即可。

【例题4-5】识读图4-16办公楼1-1剖面图。

解答：参照建筑剖面图识读步骤，得到以下识读内容。

（1）图名和比例：

图名：11剖面图；

比例：1∶100。

（2）建筑物内部空间组合特征、结构形式、构件位置关系：

结合一层平面图4-8确定1-1剖切位置在④～⑤轴线间，4层砌体结构；剖断构件有墙体、钢筋混凝土楼板和屋面板、窗、外走廊挑板及栏板、女儿墙、室内外地坪及台阶；可见构件有⑦轴处外走廊栏板、雨水管、女儿墙看线。

（3）标注：

①定位轴线标注：两端定位轴线分别是纵向定位轴线Ⓐ和Ⓑ、间距6000。

②尺寸标注：建筑高度14700，室内外高差300，层高均为3300，窗台高度900，窗洞高1800，女儿墙高1200。

室外2个踏步，踏面宽300，踢面高125，平台宽1800。

③标高标注：室外地坪标高－0.300m；室内首层地坪标高±0.000m；首层室外平台标高－0.050m；二至四层楼面标高分别是3.300、6.600、9.900；屋面板板顶标高13.200（结构标高）；一至四层窗洞顶面标高分别是2.700、6.000、9.300、12.600；二至四层外走廊挑梁底面标高分别是2.900、6.200、9.500；四层外走廊雨罩梁底面标高12.800，雨罩板顶面标高14.250。

176

第五节　建筑详图

一、建筑详图

建筑详图是建筑细部的施工图，是对建筑平面、立面、剖面图等基本图样的深化和补充，是建筑工程的细部施工、建筑构配件的制作及编制预算的依据。

建筑详图可分为节点构造详图和构配件详图两类。凡表达房屋某一局部构造做法和材料组成的详图称为节点构造详图（如檐口、窗台、勒脚、明沟等）；凡表明构配件本身构造的详图，称为构件详图或配件详图（如门、窗、楼梯、花格、雨水管等）。

建筑详图的内容与房屋的复杂程度及平面、立面、剖面图的内容和比例有关。通常包括：外墙节点详图，楼梯间详图（包含楼梯各层平面详图、楼梯间剖面详图、节点详图等），门窗详图，卫生间详图（包含平面详图、剖面详图等）。

对于套用标准图或通用图的建筑构配件和节点，只需注明所套用图集的名称、型号或页次，可不必另画详图。

对于节点构造详图，应在详图上注出详图符号或名称，以便对照查阅。而对于构配件详图，可不注索引符号，只在详图上写明该构配件的名称或型号即可。

由于建筑详图选择绘图比例较大，所以除图线、定位轴线、尺寸标注、标高标注外，需要详细绘出各种建筑材料的图例，文字标注各种结构构件名称和构造层做法。

二、外墙节点详图

1. 外墙节点详图的形成及用途

外墙节点详图是选择一垂直外墙身轴线的垂直剖切面从窗口处剖切，按正投影法绘制而成的，如图 4-17 所示，是指导建筑外墙及其相关构配件定位和内外装饰施工的重要依据。

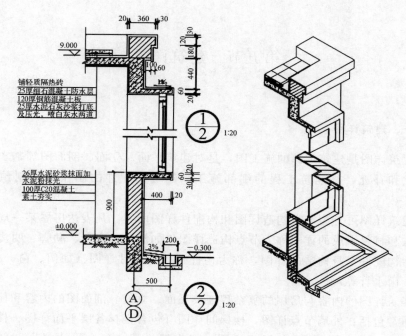

铺轻质隔热砖
25厚细石混凝土防水层
120厚钢筋混凝土板
25厚水泥石灰沙浆打底
及压光,喷白灰水两道

26厚水泥砂浆抹面加
水泥粉抹光
100厚C20混凝土
素土夯实

$\dfrac{1}{2}$ 1:20

$\dfrac{2}{2}$ 1:20

图 4 - 17　外墙节点详图形成示意

2. 外墙节点详图内容与图示方法

外墙节点详图内容包含墙角、室内外地坪层、楼板层、窗台、窗顶（过梁）、屋顶、檐口等处的构造做法以及与外墙的相互关系。图 4 - 18 是与外墙相关的构造名称。

（1）图样：线型与建筑剖面图相同，剖断的结构构件（基础、墙体、首层地坪垫层、梁、楼板）轮廓线用粗实线，构造层（墙体内外抹灰层、楼地面及屋顶各构造层）及配件（雨水管、雨水斗、雨水口等）轮廓线则为细实线，轮廓线内应画上建筑材料图例；剖断的门窗需要绘出可见的门窗框线和墙线。

（2）图名、比例：图名通常按照建筑构造名称和详图编号两种方式命名，如图 4 - 18 所示。外墙详图一般采用 1：10、1：20 的较大比例绘制，所以为节省图幅，通常采用折断画法，

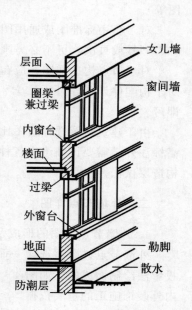

层面
女儿墙
窗间墙
圈梁兼过梁
内窗台
楼面
过梁
外窗台
地面
勒脚
散水
防潮层

图 4 - 18　外墙各构造名称

178

在窗洞中间处断开，成为几个节点详图的组合。

（3）标注：外墙详图重点在于标注构造细部尺寸，作为建筑构造施工的依据。外墙详图定位轴线标注详见表 4 - 3。

表 4 - 3
详图的轴线编号

名称	轴线编号	说　明
详图的轴线编号	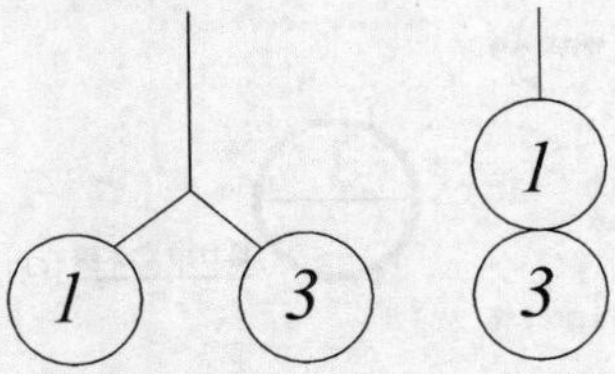 ①③　　①③	一个详图适用于 2 根轴线时
	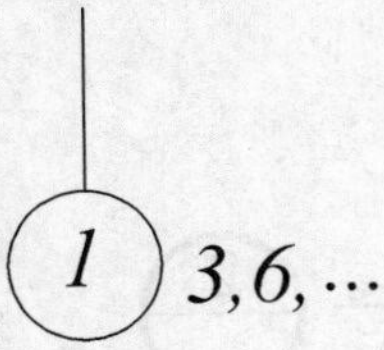 ① 3,6,…	一个详图适用于 3 根或 3 根以上轴线时
	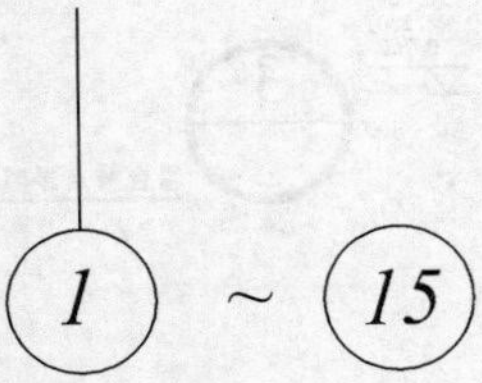 ① ～ 15	一个详图适用于 3 根以上连续编号的轴线时
	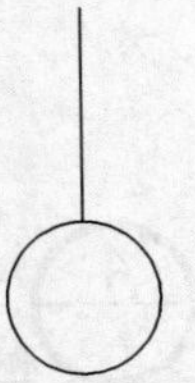 ○	用于通用详图的定位轴线

（4）文字说明：图中常采用引出线并配以文字说明来标注构造做法。当详图中有多个构造层次时常配以多层共用引出线标注构造做法。如图 4 - 19 所示。

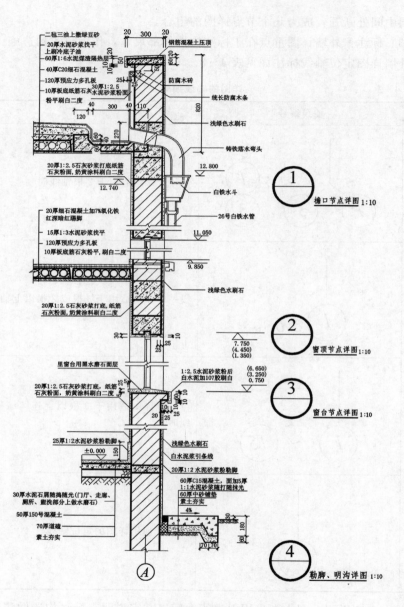

图4-19 外墙详图

3. 外墙节点详图识读步骤

(1) 识读图名和比例。

(2) 根据详图符号和定位轴线确定墙体详图具体位置。

（3）根据标高、各构配件图例确定其空间位置及相互关系。

（4）识读详细尺寸标注和构造做法。

三、楼梯详图

　　楼梯是建筑物垂直交通设施，由楼梯段、楼梯平台（楼层平台、休息平台）和栏杆扶手三部分组成，如图 4-20 所示。其中，楼梯段是由连续的踏步组成，踏步的水平面称为踏面，垂直面称为踢面。

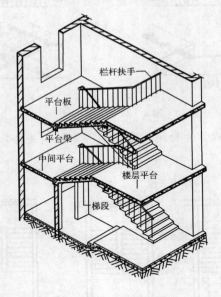

图 4-20　楼梯组成

　　根据建筑的使用功能需要，楼梯有单跑楼梯、双跑折角楼梯、双跑平行楼梯、双跑直楼梯、三跑楼梯、四跑楼梯、双分式楼梯、双合式楼梯、八角形楼梯、圆形楼梯、螺旋形楼梯、弧形楼梯、剪刀式楼梯、交叉式楼梯等形式，如图 4-21 所示。

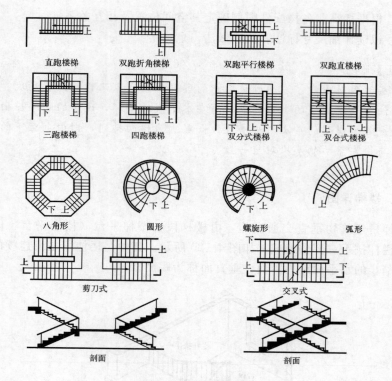

图 4 - 21　楼梯形式

楼梯间的平面形式分为封闭式楼梯间、非封闭式楼梯间和防烟楼梯间等，如图 4 - 22 所示。

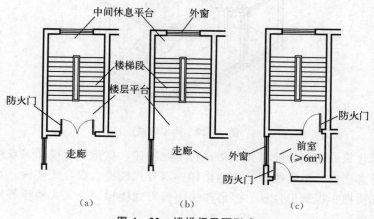

图 4 - 22　楼梯间平面形式

1. 楼梯详图的形成及用途

楼梯详图一般包括楼梯平面图、剖面图及踏步、栏杆、扶手等处的节点详图。

（1）楼梯平面图：是楼梯某位置上的一个水平剖面图，剖切位置除顶层在楼层平台栏杆扶手之上外，其余各层均在上行的第一个梯段中间。在一般情况下，楼梯平面图包括底层平面图、中间层（标准层）平面图和顶层平面图。如图 4 – 23 所示。

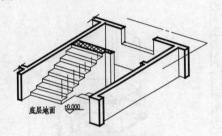

底层平面图剖切位置示意

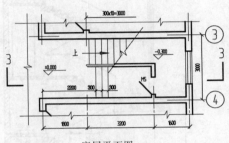

底层平面图

（a）底层平面图形成

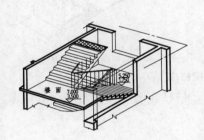

标准层平面图剖切位置示意

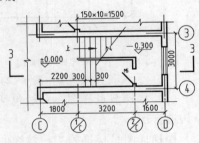

标准层平面图

（b）标准层平面图形成

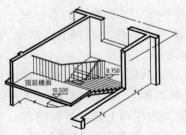

顶层平面图剖切位置示意

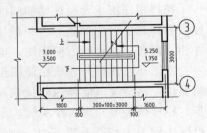

顶层平面图

（c）顶层平面图形成

图 4 – 23　楼梯平面图形成示意

183

（2）楼梯剖面图：是楼梯垂直剖面图的简称，其剖切位置是通过各层的一个梯段和门窗洞口，向另一未剖到的梯段方向投影所得到的剖面图。如图4-24所示。

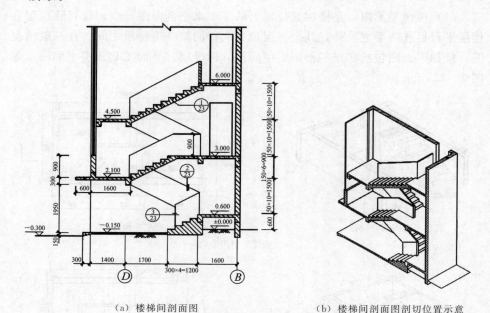

（a）楼梯间剖面图　　　　　　　　　　（b）楼梯间剖面图剖切位置示意

图4-24　楼梯间剖面图形成

（3）楼梯节点详图：一般包括踏步、扶手、栏杆详图和梯段与平台处的节点构造详图。

楼梯详图是楼梯施工、放样的重要依据。

2. 楼梯详图内容与图示方法

（1）楼梯平面图。

楼梯平面图主要反映楼梯间的平面组成、楼梯形式、楼梯中的平面尺寸及楼层和休息平台的标高等。一般情况下将各层楼梯平面图画在同一张图纸内，并相互对齐，这样既方便识图，也可以省略相同的尺寸标注。

①图样：线型与建筑平面图相同，剖断的结构构件（墙体、柱）轮廓线用粗实线，构造层（墙体内外抹灰层）以及没有被剖断但可见构配件（楼梯踏步、栏杆扶手等）则为细实线，剖断部分的轮廓线内应画上建筑材料图例（当绘图比例为1∶50及以下时，钢筋混凝土材料的构件轮廓线内涂黑即可），门窗用相关图例表示，楼梯段上行被剖断处用45°细折断线表示。

②图名、比例：通常按照楼层命名，即一层平面图、中间层（标准层）平

184

面图、顶层平面图，如图 4-25 所示。常用比例是 1∶50，根据工程需要也可以放大比例。

③标注：楼梯平面图除定位轴线及其间距外，重点在于标注楼梯各部分平面细部尺寸（踏面宽、梯段水平投影长度、梯段宽、平台宽、楼梯井宽等）和平台标高，作为建筑构造施工的依据，详见图 4-26。

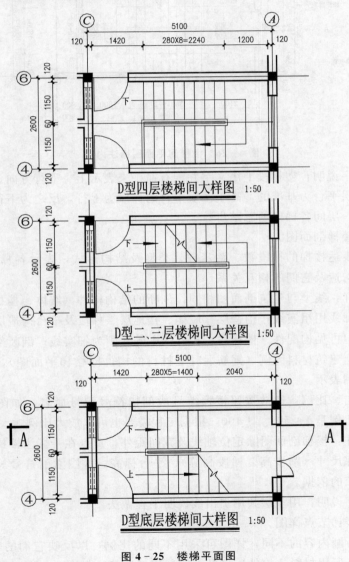

图 4-25 楼梯平面图

185

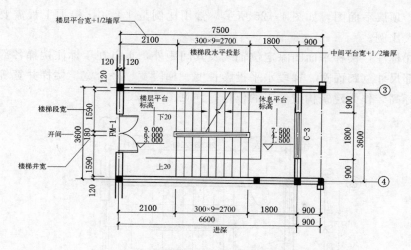

图 4-26 楼梯间平面图标注内容

④文字说明：楼梯段上用文字并配有箭头来表示上、下行方向。上、下行是以各楼层平台为基准的，高于楼层平台的梯段为上行，反之为下行。文字右侧需注明一层间各梯段的总踏步数。

（2）楼梯剖面图。

主要表达楼梯的梯段数、踏步数、类型及结构形式，表示各梯段、平台、栏杆等的构造及它们的相互关系。

①图样：线型与建筑剖面图相同，剖断的结构构件（墙体、楼板、梁、梯段等）轮廓线用粗实线，构造层（墙体、楼地层、梯段及平台构造层）以及没有被剖断但可见构配件（楼梯段、栏杆扶手等）则为细实线；剖断部分的轮廓线内应画上建筑材料图例（钢筋混凝土材料的构件同楼梯平面图），门窗用剖面相关图例表示。

②图名、比例：通常按照楼梯编号或剖切符号编号命名，如图 4-27 所示。常用比例是 1∶50、1∶100，根据工程需要也可以放大比例。

③标注：楼梯剖面图除定位轴线及其间距外，重点在于标注楼梯各部分高度方向细部尺寸（踏步高、梯段高等）、平台标高、详图索引符号等，作为建筑构造施工的依据。

④文字说明：用多层共用引出线说明工程做法。

（3）楼梯节点详图。

依据所画内容的不同，详图可采用不同的比例，以反映它们的断面形式、细部尺寸、所用材料、构件连接及面层装修做法等，如图 4-28 所示。

186

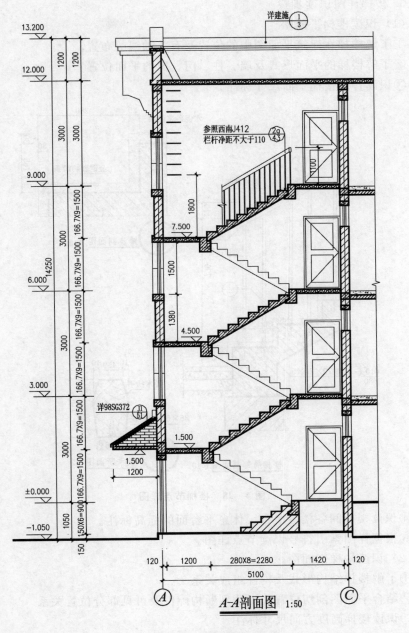

图 4－27 楼梯剖面图

3. 楼梯详图识读步骤

（1）识读楼梯平面图。

①了解楼梯在建筑平面图中的位置及有关轴线的布置。

②了解楼梯的平面形式及墙、柱、门、窗的平面位置。

③识读各层楼梯平面尺寸标注。

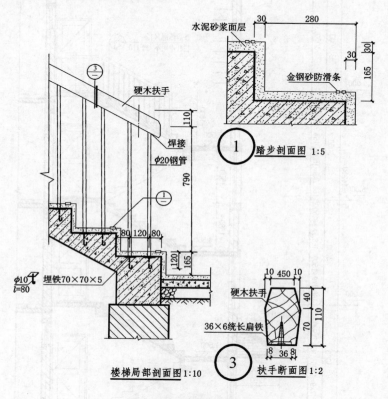

图 4-28 楼梯节点详图

④识读楼梯间各楼层平台、休息平台面的标高标注。

⑤根据详图索引符号识读节点详图。

（2）识读楼梯剖面图。

①了解楼梯结构形式及构件组成关系。

②结合平面图剖切位置，识读剖断构配件及可见部分位置关系。

③识读楼梯高度方向尺寸标注。

④识读楼梯间各楼层平台、休息平台面的标高标注。

⑤根据详图索引符号识读节点详图。

（3）楼梯节点详图。

①根据详图符号找到对应部位。

②识读节点详图建筑材料图例及各细部位置关系。

③识读尺寸标注及工程做法标注。

四、卫生间详图

卫生间按使用对象不同可分为专用卫生间和公用卫生间。其中，专用卫生间使用人数少，面积小，一般附设在主要房间旁边，如图4-29所示。公用卫生间使用人数相对较多，常用于集体宿舍及大多数公共建筑，如图4-30所示。常见公用卫生间平面布置形式见图4-31。

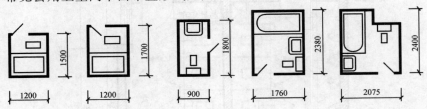

图4-29 专用卫生间

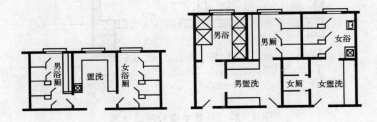

图4-30 公用卫生间

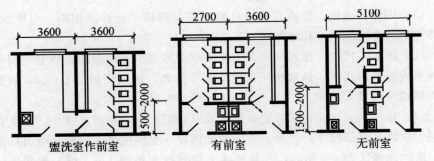

图4-31 公用卫生间平面布置形式

1. 卫生间详图的形成及用途

卫生间详图主要是卫生间平面图。根据工程需要，还有卫生间室内立面图和卫生洁具安装构造节点详图。

卫生间平面图是卫生间某位置上的一个水平剖面图，剖切位置与建筑平面图相同，如图 4-32 所示，是进行卫生间洁具定位、地面找坡的重要施工依据。

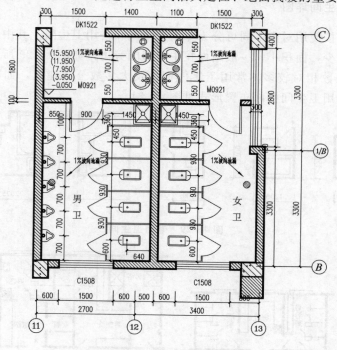

图 4-32　某教学楼公用卫生间

2. 卫生间详图内容与图示方法

（1）图样：线型、线宽、建筑材料图例与楼梯平面详图相同，卫生洁具、配件图例符合建筑制图标准要求。

（2）图名、比例：通常命名为卫生间平面图或卫生间详图；当卫生间不止一种平面布置形式时，通常按照卫生间编号命名。常用比例是 1：50，根据工程需要也可以放大比例。

（3）标注：卫生间详图除定位轴线及其门窗定位、定型尺寸外，重点在于标注卫生洁具定位尺寸。另外，卫生间地面设计要解决排水问题，地面标高比同层房间地面低 20～30mm，并且地面要设置排水坡度 1%，坡向地漏处。洁具（化妆镜、橱柜等）安装细部构造处需要标注索引符号。

190

（4）文字说明：卫生间详图中主要对房间、洁具加以文字说明。

3. 卫生间详图识读步骤

（1）识读详图名称、编号及定位轴线，了解其在建筑平面图中的位置。

（2）识读详图平面布置形式及墙、柱、门、窗、卫生洁具平面位置。

（3）识读尺寸标注。

（4）识读楼地面标高标注、排水坡度和方向。

（5）根据详图索引符号识读节点详图。

五、门窗详图

门窗详图是由门窗的立面图、门窗节点剖面图及文字说明等组成，通常与门窗表布置在一张设计图里。

1. 门窗详图的形成及用途

门窗立面图是用正投影法绘制的正立面图，作为门窗加工和安装的依据。

2. 门窗详图内容与图示方法

（1）门窗立面图：内容包括门窗图样主要尺寸（洞口尺寸和门窗扇分格尺寸）、组合形式、开启方式及节点详图索引符号，如图4-33所示。门窗轮廓线为粗实线，其他均为细实线；开启方式以开启线或箭头表示，细实线表示向室外开启，细虚线表示向室内开启；带箭头的窗扇为推拉窗。

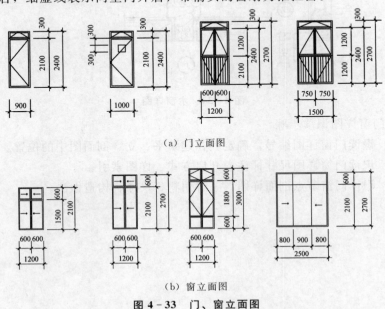

（a）门立面图

（b）窗立面图

图 4-33 门、窗立面图

191

（2）门窗剖面图及节点详图：表示门窗某节点中各部件的用料、断面形状和材料图例，还表示各部件的尺寸及其相互间的位置关系，如图 4-34 所示为一木窗剖面图及节点详图。

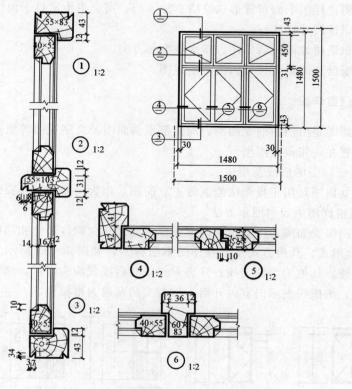

图 4-34　木窗详图

3. 门窗详图识读步骤

（1）识读门窗详图编号，确定其在建筑平、立、剖面图中的位置。

（2）识读门窗详图尺寸标注、开启方式、详图索引。

（3）识读门窗节点剖面详图，了解用料、尺寸、构造做法。

第五章　建筑结构施工图识读

建筑结构施工图主要表现结构的类型、各承重结构构件的物质形状、大小、材料构造及相互关系以及其他专业对结构的要求。

一、建筑结构施工图的作用和内容

建筑结构施工图主要用来作为施工放线、开挖基槽、支模板、绑扎钢筋、设置预埋件、浇注混凝土和安装梁、板、柱等构件及编制预算与施工组织计划等的依据。

建筑结构施工图包括结构设计总说明、基础平面布置图及基础详图、楼（屋面）板配筋图、楼（屋面）梁配筋图、柱配筋图、剪力墙配筋图和楼梯详图等。

1. 结构设计总说明

（1）结构设计依据：上级机关（政府）的批文，国家有关标准、规范。

（2）自然条件及使用要求：地质勘探资料，地震设防烈度，风、雪荷载以及使用对结构的特殊要求。

（3）施工要求。

（4）对材料的质量要求：类型，规格，强度等级。

2. 结构平面布置图

主要表示承重构件的布置、类型、数量的图样。

（1）基础平面布置图：表示基础部分的平面布置。

（2）楼层结构平面布置图：表示各楼层处结构构件平面布置。

（3）屋顶结构平面布置图：表示屋面处结构构件平面布置。

3. 结构构件详图

（1）梁、板、柱及基础结构详图：其中基础详图与基础平面图应布置在一张图纸上，如图幅不够，应画在与基础平面图连续编号的图纸上。

（2）楼梯结构详图。

（3）屋面构件结构详图。

（4）其他详图：如过梁、支撑详图等。

二、建筑结构施工图常用构件代号和图例

1. 常用构件代号

建筑结构构件种类繁多，为了绘图和施工方便，国家标准《建筑结构制图标准》（GB/T 50105—2010）规定了各种构件的代号，常用构件代号见表 5-1，用该构件名称的汉语拼音第一个字母大写表示。使用时，代号后的阿拉伯数字表示该构件的型号和编号，也可以为构件的顺序号。

表 5-1　　　　　　　　　　　　　常用构件代号

序号	名　称	代号	序号	名　称	代号	序号	名　称	代号
1	板	B	19	圈梁	QL	37	承台	CT
2	屋面板	WB	20	过梁	GL	38	设备基础	SJ
3	空心板	KB	21	过系梁	L	39	桩	ZH
4	槽形板	CB	22	基础梁	JL	40	挡地墙	DQ
5	折板	ZB	23	楼梯梁	TL	41	地沟	DG
6	密肋板	MB	24	框架梁	KL	42	柱间支撑	ZC
7	楼梯板	TB	25	框支梁	KZL	43	垂直支撑	CC
8	盖板	GB	26	屋面框架梁	WKL	44	水平支撑	SC
9	挡雨板	YB	27	檩条	LT	45	梯	T
10	吊车安全道	DB	28	屋架	WJ	46	雨篷	YP
11	墙板	QB	29	托架	TJ	47	阳台	YT
12	天沟板	TGB	30	天窗架	CJ	48	梁垫	LD
13	梁	L	31	框架	KJ	49	预埋件	M
14	屋面梁	WL	32	钢架	GJ	50	天窗端壁	TD
15	吊车梁	DL	33	支架	ZJ	51	钢筋网	W
16	单轨吊车梁	DDL	34	柱	Z	52	钢筋骨架	G
17	轨道连接	DGL	35	框架柱	KZ	53	基础	J
18	车挡	CD	36	构造柱	GZ	54	暗柱	AZ

2. 普通钢筋图例

目前，建筑工程广泛使用的建筑材料是钢筋混凝土，是在混凝土中加入钢筋与之共同工作的一种组合材料。其中，普通钢筋图例见表 5-2。

表 5 - 2 常用钢筋图例

序号	名　称	图　例	说　明
1	钢筋横断面	●	
2	无弯钩的钢筋端部		下图表示长，短钢筋投影重叠时，短钢筋的端部用 45°斜画线表示
3	带半圆形弯钩的钢筋端部		
4	带直钩的钢筋端部		
5	带丝扣的钢筋端部		
6	无弯钩的钢筋搭接		
7	带半圆弯钩的钢筋搭接		
8	带直钩的钢筋搭接		
9	花篮螺钉钢筋接头		
10	机械连接的钢筋接头		用文字说明机械连接的方式

3. 钢筋的类型

配置在混凝土中的钢筋，按其作用和位置可分为纵向受力筋、箍筋、架立筋、分布筋、构造筋，如图 5-1 所示。

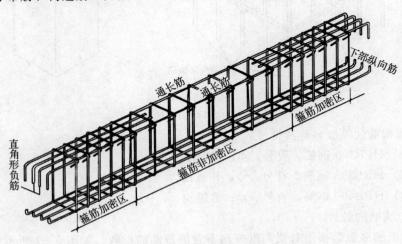

（a）梁内配筋

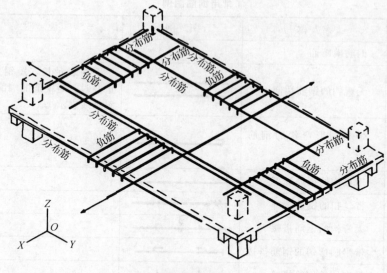

（b）板内配筋

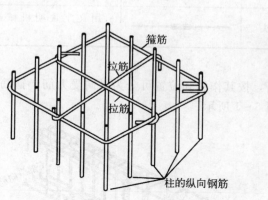

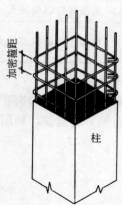

（c）柱内配筋

图 5-1　构件中钢筋的名称

4. 钢筋的等级名称及符号

（1）HPB300 钢筋，符号：Φ；Ⅰ级钢。

（2）HRB335 钢筋，符号：Φ；Ⅱ级钢。

（3）HRB400 钢筋，符号：Φ；Ⅲ级钢。

5. 箍筋的肢数

箍筋的肢数是指沿着梁高度方向布置的箍筋的根数。如图 5-2 所示。

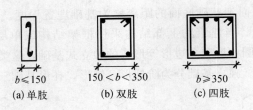

$b \leqslant 150$
(a) 单肢

$150 < b < 350$
(b) 双肢

$b \geqslant 350$
(c) 四肢

图 5-2 箍筋肢数示意图

第一节 基础结构布置图识读

一、基础类型

1. 基础与地基

基础是建筑物地面以下承受房屋全部荷载的构件，基础的选型取决于上部承重结构的形式、荷载大小和地基情况。

地基是承受基础传递荷载的土层。

2. 基础的类型

基础按构造不同一般分为条形基础、独立基础、井格基础、筏形基础、箱形基础、桩基础等。

（1）条形基础。当建筑物采用砖墙承重时，墙下基础常连续设置，形成通长的条形基础，即基础长度远远大于宽度的一种基础形式。条形基础的组成及基础的埋置深度见图 5-3。

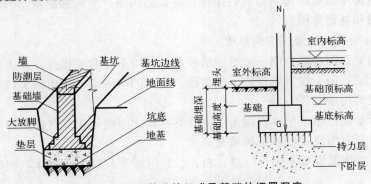

图 5-3 条形基础的组成及基础的埋置深度

197

从室外设计地面到基础底面的距离称为基础埋置深度。

（2）独立基础。当建筑物上部结构采用框架结构或单层排架结构承重时，基础常采用方形、圆柱形和多边形等形式的独立式基础，这类基础称为独立式基础，也称单独基础。独立基础分为阶梯形、锥形、杯形基础三种（图5-4）。

（a）阶梯形　　　　　（b）锥形　　　　　（c）杯形

图5-4　独立基础

（3）筏板基础。当建筑物上部荷载较大，或地基土质很差，承载能力小，采用独立基础或井格基础不能满足要求时，可采用筏板基础（图5-5）。

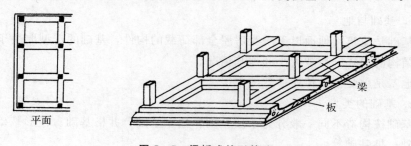

平面

图5-5　梁板式筏形基础

二、基础结构布置图及详图的形成及用途

表达房屋基础结构及构造的图样称基础结构图，简称基础图，一般包括基础平面图和基础详图。

1. 基础平面图及详图的形成

基础平面图是假想用一水平面沿首层地坪以下将房屋切开，移去上面部分和周围土层，向下投影所得的全剖面图。剖断的基础墙、柱用粗实线表示，看到的垫层等用细实线表示。

条形基础详图采用垂直剖面图，独立基础详图则采用垂直剖面和平面图表示。剖断面内用建筑材料图例填充。

剖断的钢筋混凝土构件（梁、板、柱）混凝土假设为透明体，钢筋用图例表示。

198

2. 基础平面图及详图的用途

基础平面图及详图是施工时在基地上放线、开挖基坑和砌筑（浇筑）基础的依据。

三、基础平面布置图识读步骤

（1）看图名、比例。图名常用 11 断面、22 断面……或用基础代号表示。读图时先用基础详图的名字（11 或 22 等）去对应基础平面的位置，了解这是哪一道基础上的断面。

（2）看基础断面图中轴线及其编号。如果该基础断面适用于多道基础的断面，则轴线的圆圈内可不予编号。

（3）看基础断面各部分详细尺寸和室内外底面、基础底面的标高。如基础厚度、大放脚的尺寸、基础的底宽尺寸以及它们与轴线的相对位置尺寸，从基础底面标高可了解基础的埋置深度。

（4）看基础断面图中基础梁的高、宽或标高及配筋。

（5）看施工说明等，了解对基础的施工要求。

【例题 5-1】识读图 5-6 条形基础平面布置图及详图。

解答：

（1）图名为基础平面布置图，比例为 1∶100。另有 11（22）、33 及 Z1 详图，比例为 1∶20。

（2）该建筑墙下基础类型是条形基础，基础墙厚为 240；等高式大放脚；基础底面标高为 -1.650m，基础底面宽度：断面 1、3 处是 800，断面 2 处是 1000；垫层采用 3∶7 灰土材料，厚度为 450；基础埋置深度为 1200。

（3）砖柱下基础类型是独立基础，底面尺寸为 1000×1000，砖柱截面尺寸为 370×370。

（4）基础圈梁梁顶标高 -0.060，梁高 180，与基础墙同宽；配有上下各 2 根 Φ12 钢筋，另有箍筋 Φ6 间距 200；在有洞口处梁底部加设 1 根 Φ14 钢筋，其长度较洞口长 500。

（5）构造柱截面尺寸 240×240，4 根 Φ12 纵向钢筋，箍筋 Φ6 间距 200。

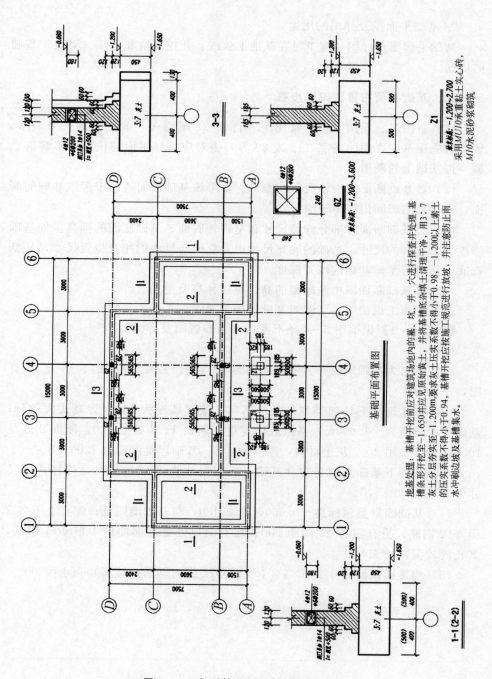

图 5-6 条形基础平面布置图及详图

200

第二节　钢筋混凝土梁结构布置图识读

一、钢筋混凝土梁的类型及配筋名称

1. 钢筋混凝土梁定义

钢筋混凝土梁是指用钢筋混凝土材料制成的梁。钢筋混凝土梁形式多种多样，是房屋建筑、桥梁建筑等工程结构中最基本的水平承重构件。

2. 钢筋混凝土梁的类型

钢筋混凝土梁存在于建筑物的许多地方，如图 5－7 所示。在不同的结构体系及不同的建筑部位发挥着不同的作用，并有与其作用相匹配的名称。

（a）基础梁

（b）砌体结构圈梁

（c）钢筋混凝土过梁

（d）钢筋混凝土框架梁

图 5－7　钢筋混凝土梁的类型

3. 钢筋混凝土梁中的配筋类型

梁中通常配置纵向受力钢筋、弯起钢筋、箍筋、架立钢筋等，构成钢筋骨架。

（1）纵向受力钢筋。在梁的受拉区或受压区，沿着梁长度方向即纵向布置的钢筋叫纵向受力钢筋。

（2）架立钢筋。设置在受压区外缘两侧，并平行于纵向受力钢筋的钢筋称为架立钢筋。

（3）弯起钢筋。在跨中是纵向受力钢筋的一部分，靠近支座处纵向钢筋弯起并深入支座上部。

（4）箍筋。是在梁的横向每隔一段距离配置的封闭的钢筋。它通过绑扎或焊接把其他钢筋联系在一起，形成空间骨架。

（5）侧面纵向构造钢筋（腰筋）。在梁的两个侧面，并沿梁长度方向设置的钢筋为腰筋。腰筋分两种：一种为抗扭筋，在图纸上以 N 开头；一种为构造配筋，以 G 开头。

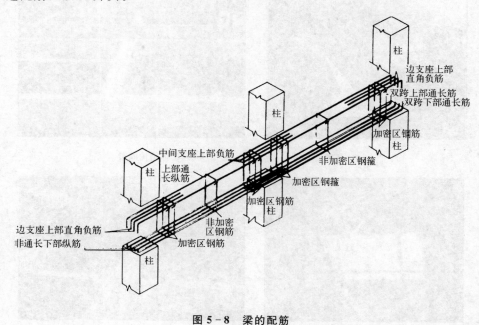

图 5-8 梁的配筋

梁的受拉区、受压区：梁在外荷载作用下，底部区域混凝土和钢筋处于受拉状态；顶部区域混凝土和钢筋处于受压状态，如图5-9所示。

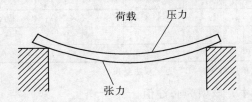

图5-9　梁的弯曲示意图

二、钢筋混凝土梁平法标注图识读方法

1. 钢筋混凝土梁平法标注定义

梁的平法标注的方式是指在梁平面布置图上，分别在不同编号的梁中各选一根梁，在其上注写截面尺寸和配筋具体数值的方式来表达梁平法施工图。

梁的平法标注包括集中标注与原位标注。集中标注表达梁的通用数值，原位标注表达梁的特殊数值，如图5-10所示。

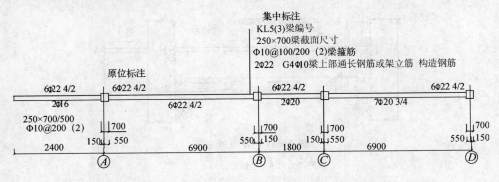

图5-10　梁的平面标注

2. 集中标注

梁的集中标注内容包括5项必注值及1项选注值（集中标注可以从梁的任意一跨引出），如图5-10所示。规定如下。

（1）梁编号。见表5-3，该项为必注值。

表 5 - 3　　　　　　　　　　　　　梁编号表示表

梁 类 型	代号	序号	跨数及是否带有悬挑
楼层框架梁	KL	××	（××）、（××A）或（××B）
屋面框架梁	WKL	××	（××）、（××A）或（××B）
框支梁	KZL	××	（××）、（××A）或（××B）
非框支梁	L	××	（××）、（××A）或（××B）
悬挑梁	XL	××	
井字梁	JZL	××	（××）、（××A）或（××B）

注：表中"A"为梁单边悬挑、"B"为梁双边悬挑。

（2）梁截面尺寸。该项为必注值。

一般矩形截面的梁，用 $b \times h$ 表示。

【小贴士】

当为竖向加腋梁时，用 $b \times h \mathrm{GY} C1 \times C2$ 表示，其中 C1 为腋长，C2 为腋高（图 5 - 11）。

当为水平加腋梁时，用 $b \times h \mathrm{PY} C1 \times C2$ 表示，其中 C1 为腋长，C2 为腋宽，加腋部分应在平面中绘制（图 5 - 12）。

当有悬挑梁且根部和端部的高度不同时，用斜线分隔根部与端部的高度值，即为 $b \times h1/h2$。

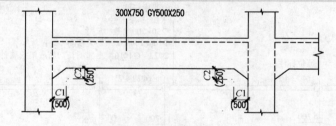

图 5 - 11　竖向加腋图

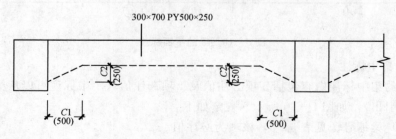

图 5 - 12　水平加腋图

（3）梁箍筋。包括钢筋级别、直径、加密区与非加密区间距及肢数，该项为必注值。

箍筋加密区与非加密区的不同间距及肢数需用斜线"/"分隔；当梁箍筋为同一种间距及肢数时，则不需用斜线；当加密区与非加密区的箍筋肢数相同时，则将肢数注写一次；箍筋肢数应写在括号内。

【例题 5-2】识读梁箍筋平法标注：Φ10@100/200（2）。

解答：箍筋级别为 HPB300 钢筋，直径为 10mm，加密区间距为 100mm，非加密区间距为 200mm，箍筋肢数为双肢箍。

（4）梁上部通长筋或架立钢筋。该项为必注值。

当同排纵筋中既有通长筋又有架立筋时，应用加号"+"将通长筋和架立筋相连。注写时须将角部纵筋写在加号的前面，架立筋写在加号后面的括号内，以示不同直径及与通长筋的区别。当全部采用架立筋时，则将其写入括号内。

【例题 5-3】识读梁平法标注：222+（412）。

解答：上部贯通钢筋为 222，架立钢筋为 412。

（5）梁侧面纵向构造钢筋或受扭钢筋配置。该项为必注值。

当梁腹板高度 $h_w \geq 450mm$ 时，须配置纵向构造钢筋，以大写字母 G 打头，接续注写配置在梁两个侧面的总配筋值，且对称配置。例如 G4Φ12。

配置受扭纵向钢筋时，以大写字母 N 打头，接续注写配置在梁两个侧面的总配筋值，且对称配置。

【小贴士】

梁顶面标高高差，是指相对于结构层楼面标高的高差值，对于位于结构夹层的梁，则指相对于结构夹层楼面标高有高差时，须将其写入括号内，无高差时不注。

例如：图 5-13 是梁顶面与板有高差的平法标注——梁的集中标注第五行（0.100）。

【例题 5-4】识读框架梁集中标注：

KL5（3）

250×700

Φ10@100/200（2）

222

G4Φ12

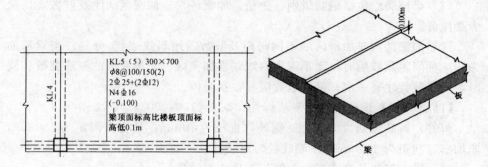

图 5-13 梁顶面与板有高差的平法标注

分析：

识读梁的集中标注时，要从上往下依次识读，它们分别是梁编号、截面尺寸、箍筋、梁上部纵向钢筋及侧面构造筋。

解答：

KL5（3）5 号框架梁，3 跨，无悬挑；

250×700 截面尺寸，250×700（宽×高）；

10@100/200（2）箍筋直径 10，加密间距 100mm，非加密间距 200mm，2 肢箍；

222 上部贯通钢筋为 222；

G412 侧面为构造钢筋 412。

3. 原位标注

原位标注中的钢筋包括梁支座上部钢筋和梁下部钢筋，如图 5-14 所示。具体规定如下：

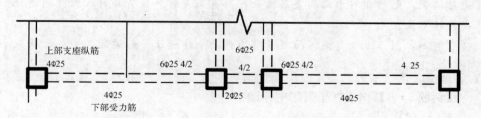

图 5-14 原位标注示意图

（1）梁支座上部纵筋。

梁支座上部纵筋，该部位含通长筋在内的所有纵筋：

①当上部纵筋多于一排时，用斜线"/"将各排纵筋自上而下分开。

②当同排纵筋有两种直径时，用加号"＋"将两种直径的纵筋相联，注写时将角部纵筋写在前面。

③当梁中间支座两边的上部纵筋不同时，须在支座两边分别标注；当梁中间支座两边的上部纵筋相同时，可仅在支座的一边标注配筋值，另一边省去不注。

【例题5-5】识读梁支座上部纵筋原位标注6254/2。

解答：上部钢筋为6根，排成两排，第一排4根，第二排2根。

（2）梁下部纵筋。

①当下部纵筋多于一排时，用斜线"/"将各排纵筋自上而下分开。

②当同排纵筋有两种直径时，用加号"＋"将两种直径的纵筋相联，注写时角筋写在前面。

③当梁下部纵筋不全部伸入支座时，将梁支座下部纵筋减少的数量写在括号内。

【例题5-6】识读梁下部纵筋原位标注6252（－2）/4。

解答：表示下部为6根直径25mm的钢筋，排成两排，上面一排2根，下面一排4根，且有2根不深入支座。

三、钢筋混凝土梁平法标注识图步骤

（1）查看图名、比例。

（2）校核轴线编号及间距尺寸，要求必须与建筑图、剪力墙施工图、柱施工图保持一致。

（3）与建筑图配合，明确各梁的编号、数量和位置。

（4）阅读结构设计总说明或有关说明，明确梁的混凝土强度等级及其他要求。

（5）根据梁的编号，查看图中截面标注或平面标注，明确梁的截面尺寸、配筋和标高。再根据抗震等级、设计要求和标准构造详图确定纵向钢筋、箍筋和吊筋的构造要求。

（6）其他的有关要求。

需要强调的是，应注意主、次梁交汇处钢筋的高低位置要求。

【例题5-7】识读图5-15梁平法标注。

重要提示：梁的集中标注和原位标注共同组成一个完整的梁平面表示，而不能分开单独表示梁的钢筋布置。

解答：集中标注表示：框架梁KL1，3跨，一端有悬挑，截面为300×

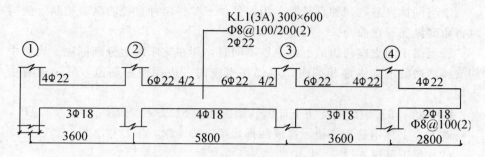

图 5-15 平法标注例图

600；箍筋为Ⅰ级钢筋，直径8，加密区间距为100，非加密间距为200，均为两肢箍；上部通长筋为2根直径22的二级钢。

原位标注表示：支座1上部纵筋为4根直径22的二级钢，支座2两边上部纵筋为6根直径22的二级钢分两排，上一排为4根，下一排为2根；第一跨跨距3600，下部纵筋为3根直径18的二级钢，全部伸入支座；第二跨跨距5800，下部纵筋为4根直径18的二级钢，全部伸入支座。以此类推。

【例题5-8】识读图5-16梁平法标注。

解答：

图名为标准层顶梁配筋平面图，比例为1：100。

轴线编号及其间距尺寸与建筑图、标准层墙柱平面图一致。

梁的编号从LL1至LL26，标高参照各层楼面，数量每种1~4根，每根梁的平面布置如图5-15所示。梁的混凝土强度等级为C30。

以LL3、LL14为例说明如下：

LL3（1）位于轴线2和轴线24上，1跨；截面200mm×400mm；箍筋为直径8mm的Ⅰ级钢筋，间距为200mm，双肢筋；上部216通长钢筋，下部222（角筋）＋120通长钢筋；梁两端原位标注显示，端部上部钢筋为316。

LL14（1）位于轴线B上，1跨；截面200mm×450mm；箍筋为直径8mm的Ⅰ级钢筋，加密区间距为100mm，非加密区间距为150mm，双肢筋；上部220通长钢筋，下部322通长钢筋。梁两端原位标注显示，端部上部钢筋为320。

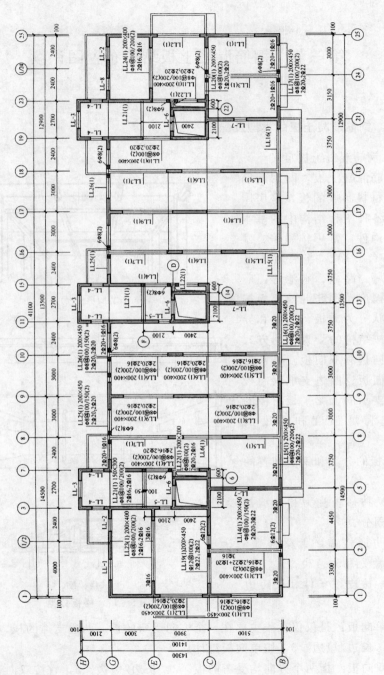

图5-16 标准层顶梁配筋平面图1:100

第三节　钢筋混凝土板结构布置图识读

一、钢筋混凝土板的类型及配筋

1. 钢筋混凝土板定义

钢筋混凝土板，即用钢筋混凝土材料制成的板，是房屋建筑和各种工程结构中的基本结构或构件，常用作屋盖、楼盖、平台、墙、挡土墙、基础、地坪、路面、水池等，应用范围极广。钢筋混凝土板按平面形状分为方板、圆板和异形板，按结构的受力作用方式分为单向板和双向板。最常见的有单向板、四边支承双向板和由柱支承的无梁平板。板的厚度应满足强度和刚度的要求。

2. 板的分类和钢筋配置的关系

（1）按楼板受力和支承条件的不同分。

有肋形楼盖，无梁楼盖，井字楼盖（图5－17）。

（2）按支撑条件和长短边比例分。

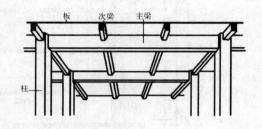

（a）肋形楼板

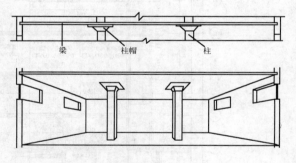

（b）无梁楼板

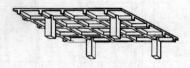

（c）井格楼板

图5－17　楼板分类

①单向板：是仅仅在或主要在一个方向受弯的板。两边支撑的板，按单向板设计；长边/短边≥3，按单向板设计。

②双向板：指两个方向均受弯的板。2＜长边/短边＜3，宜按双向板设计，

否则，应在长边方向设置足够数量的构造钢筋；长边/短边≤2，应按双向板设计（图5-18）。

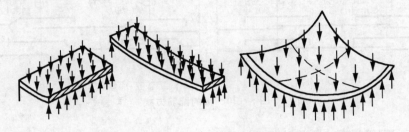

图 5-18　单向板和双向板

（3）板的钢筋配置（图5-19）。

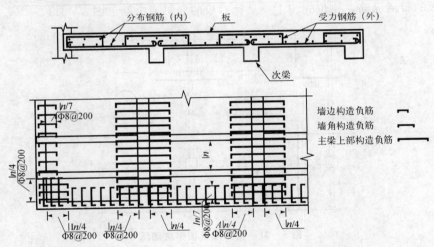

图 5-19　单向板构造钢筋布置图

　　板的配筋方式有分离式配筋和弯起式配筋两种。一般的建筑都采用分离式配筋，11G1014图集所讲述的也是分离式配筋。有些具有振动荷载的楼板必须采用弯起式配筋，当遇到这样的工程时，应该按施工图所给出的钢筋构造详图进行施工。

　　分离式配筋就是分别设置板的下部主筋和上部的扣筋；而弯起式配筋是把板的下部主筋和上部的扣筋设计成一根钢筋（图5-20）。

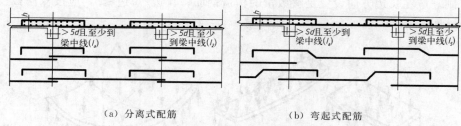

（a）分离式配筋　　　　　　　（b）弯起式配筋

图 5 - 20　板的配筋方式

二、钢筋混凝土板平法标注识读方法

有梁楼盖板钢筋标注分为集中标注和原位标注两种。集中标注的主要内容是板的贯通纵筋，原位标注主要是针对板的非贯通纵筋（图 5 - 21）。

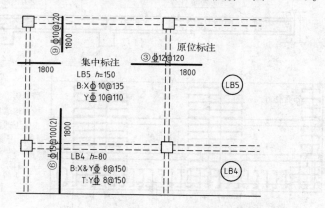

图 5 - 21　有梁楼盖板平法图示

1. 板块集中标注

（1）板块集中标注的内容。

板块集中标注的内容有：板块编号（表 5 - 4）、板厚、贯通纵筋，以及当板面标高不同时的标高高差。

表 5 - 4　　　　　　　　　　　　　　　板块编号

板类型	代　号	序　号	例　子
楼面板	LB	××	LB1
屋面板	WB	××	WB2
延伸悬挑板	YXB	××	YXB3
纯悬挑板	XB	××	XB4

（2）板厚注写。

①当板厚一致时，注写为：$h=\times\times\times$（h 为垂直于板面的厚度）。

②当悬挑板的端部改变截面厚度时，注写为：$h=\times\times\times/\times\times\times$（斜线前为板根的厚度，斜线后为板端的厚度）。

（3）贯通纵筋。

按板块的下部纵筋和上部纵筋分别注写（当板块上部不设贯通纵筋时则不注）。

贯通纵筋的标注中，以 B 代表下部，T 代表上部，B&T 代表下部与上部；X 向贯通纵筋以 X 打头，Y 向贯通纵筋以 Y 打头，两向贯通纵筋配置相同时以 X&Y 打头。

【例题 5-9】见图 5-22，有一楼面板块注写为：LB4$h=80$B：X&Y8@150，T：X8@200，请说明。

解答：4 号楼面板，板厚为 80mm，板下部配置的贯通纵筋双向均为 8@150；板上部配置的贯通纵筋 X 向为 8@200。

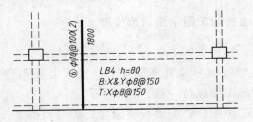

图 5-22　板平法标注

【例题 5-10】如图 5-23 所示，有一延伸悬挑板注写为：YXB1$h=150/100$B：XcΦ8@150，Yc8@200；T：X8@150，请说明。

解答：1 号延伸悬挑板，板根部厚度 150mm，端部后 100mm，板下部配置构造钢筋 X 方向为 8@150，Y 方向为 8@200；板上部配置构造钢筋 X 方向为 8@150。

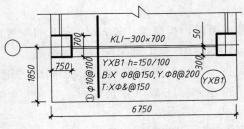

图 5-23　延伸悬挑板

213

（4）板面标高高差。

指相对于结构层楼面标高的高差，应将其注写在括号内，且有高差则注，无高差不注。例如在标注中有（－0.100）则表示本板块比本层楼面标高低 0.100m。

2. 板支座原位标注

（1）板支座原位标注为：板支座上部非贯通纵筋（即扣筋）和纯悬挑板上部受力钢筋。

（2）板支座原位标注的基本方式为：

①采用垂直于板支座（梁或墙）的一段适宜长度的中粗实线来代表扣筋，在扣筋的上方注写：钢筋编号、配筋值、横向连续布置的跨数（注写在括号内，且当为一跨时可不注），以及是否横向布置到梁的悬挑端。

②在扣筋的下方注写：自支座中线向跨内的延伸长度。

③与板支座上部非贯通纵筋垂直且绑扎在一起的构造钢筋或分布钢筋，应由设计者在图中注明。

三、钢筋混凝土板施工图平法识读步骤

（1）查看图名、比例。

（2）首先校核轴线编号及其间距尺寸，要求必须与建筑图、剪力墙施工图、柱施工图、梁施工图保持一致。

（3）与建筑施工图配合，明确板块编号、数量和布置。

（4）阅读结构设计总说明或有关说明，明确板的混凝土强度等级及其他要求。

（5）根据板的编号，查阅图中标注，明确板厚、贯通纵筋、板面标高不同时的标高高差、板支座上部非贯通纵筋和纯悬挑板上部受力钢筋，再根据抗震等级、设计要求和标准构造详图确定纵向钢筋、分布筋构造及末端弯钩。

【例题 5-11】见图 5-24，有一楼面板块注写 LB5 h = 150B：X10@135；Y10@110，请说明。

解答：表示 5 号楼面板，板厚为 150mm，板下部配置的贯通纵筋 X 向为 Φ10@135，Y 向为 Φ10@110，板上部未配置贯通纵筋。

【例题 5-12】见图 5-24，在 LB2 和 LB5 之间的②钢筋，在钢筋上部标注：②Φ10@100；下部单侧标注 1800，请说明。

解答：

表示该编号为②的扣筋，规格和间距为 Φ10@100，从梁中线向跨内延伸

214

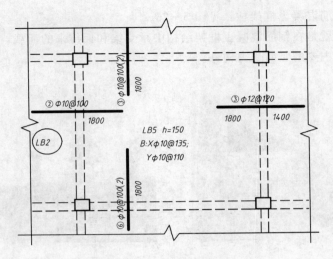

图 5 - 24　楼面板块

长度为 1800mm（左右侧均为 1800）。再看⑥钢筋，在钢筋上部标注：⑥Φ10
@100（2）；下部单侧标注 1800。其他表示内容同②钢筋，"（2）"表示该扣筋
为 2 跨。这个扣筋上部标注的后面有带括号的内容："（2）"说明这个扣筋⑥在
相邻的两跨之内设置。实行标注的当前跨即是"第一跨"，第二跨在第一跨的
右边。

第四节　钢筋混凝土柱结构布置图识读

一、钢筋混凝土柱的类型及配筋名称

1. 钢筋混凝土柱定义

钢筋混凝土柱是指用钢筋混凝土材料制成的柱。钢筋混凝土柱是房屋、桥
梁、水工等各种工程结构中最基本的竖向承重构件。

2. 钢筋混凝土柱的类型

（1）砌体结构钢筋混凝土构造柱：见图 5 - 25。

结构设计规范要求应在房屋的砌体内适宜部位设置钢筋混凝土柱并与圈梁
连接，共同加强建筑物的稳定性，这种钢筋混凝土柱称为构造柱。

（2）钢筋混凝土框架柱：见图 5-26。

框架柱就是在钢筋混凝土框架结构中承受梁和板传来的荷载，并将荷载传给基础，是主要的竖向受力构件。

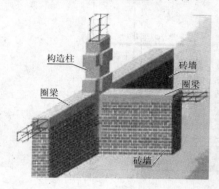

图 5-25　钢筋混凝土构造柱

图 5-26　钢筋混凝土框架柱

3. 钢筋混凝土柱配筋类型（图 5-27）

（1）纵向受力钢筋。是指沿着柱子高度方向，在柱子四角及侧面设置的通长钢筋，见图 5-27。

（2）箍筋。是指在柱子横向设置的封闭的钢筋。它的作用是与纵向钢筋形成柱子钢筋骨架，同时还防止受力钢筋被压弯曲，从而提高柱子的承载能力。

图 5-27　柱钢筋骨架

二、钢筋混凝土柱平法标注识读方法

1. 钢筋混凝土柱平法标注定义

柱平面整体配筋图是在柱平面布置图上采用列表注写方式或截面注写方式表达钢筋混凝土柱的截面尺寸、配筋的一种方法。

2. 列表注写方式

列表注写方式是在柱平面布置图上分别在同一编号的柱中选择一个（有时需要选择几个）截面标注几何参数代号与配筋的具体数值，并配以各种柱截面形状及其箍筋类型图的方式来表达柱平法施工图。

柱表内容包括：柱的编号、各段柱的起止标高、截面尺寸、偏中情况、纵向钢筋（角部纵筋、b 边一侧中部筋和 h 边一侧中部筋）、箍筋类型号和箍筋

216

规格间距。如表 5-5 所示。具体规定如下：

表 5-5　　　　　　　　　　柱　表

柱号	柱高	$b \times h$ （圆柱直径 D）	b_1/b_2，h_1/h_2	全部纵筋或角筋/ b 边一侧中部筋/ h 边一侧中部筋	箍筋，箍筋类型	备注
KZ1	-0.030 -19.470	750×700	$375/375$，$150/550$	$24 \oplus 25$	$\Phi 10@100/200$， 1（5×4）	
	19.470 -59.070	550×500	$275/275$，$150/350$	$4 \oplus 22/5 \oplus 22/4 \oplus 20$	$\Phi 8@100/200$， 1（4×4）	
	37.470 -59.070	550×500	$275/275$，$150/350$	$4 \oplus 22/5 \oplus 22/4 \oplus 20$	$\Phi 8@100/200$， 1（4×4）	

（1）柱编号（表 5-6）：

表 5-6　　　　　　　　　　柱　编　号

柱类型	框架柱	框支柱	芯　柱	梁上柱	剪力墙上柱
代号	KZ	KZZ	XZ	LZ	QZ
序号	××	××	××	××	××

（2）柱高。注写柱高，自柱根部往上以变截面位置或截面未变但配筋改变处为界分段注写，分段柱可以注写为起止层数，也可以注写为起止标高。

（3）截面尺寸。矩形截面注写为 $b \times h$（为等截面的宽×高）；圆形截面注写为 $D=d$（D 表示该截面为圆形，d 为截面的直径）；当为异形柱截面时，需在适当位置补绘实际配筋截面并原位注写截面尺寸。

（4）柱偏心尺寸。注写截面横边和竖边与两向轴线的几何关系 b_1/b_2（$b=b_1+b_2$）和 h_1/h_2（$h=h_1+h_2$）。当柱截面向上缩小或平移至截面 b 边或 h 边到轴线的另一侧时，b_1 或 b_2，h_1 或 h_2 为零或为负值，但其代数和仍为 $b=b_1+b_2$。对于圆柱截面，其与轴线的关系也用 b_1/b_2 和 $h1/h_2$ 表示，且 $D=b_1+b_2=h_1+h_2$。

（5）纵向钢筋。注写全部纵筋或角部纵筋、b 边一侧中部筋和 h 边一侧中部筋。当该段柱纵筋采用同一种直径，且截面各边中部筋根数相同或者各边中部筋根数虽然不同但有补绘的实际配筋截面时，可以直接注写全部纵筋，否则应分别注写角部纵筋、b 边一侧中部筋和 h 边一侧中部筋。

（6）箍筋配筋值和箍筋类型号。通常的标注形式为：$\Phi d-m/n$，a（$z_1 \times z_2$）。

其中：d 表示钢筋直径；m、n 表示箍筋间距；a 表示箍筋的形式；z_1 表示 b 边宽度上的箍筋肢数；z_2 表示 h 边宽度上的箍筋肢数。当圆柱采用螺旋箍筋时，需在箍筋前加"L"。

具体工程所设计的各种箍筋类型图绘制在柱表的上部或表中适当位置，并在其上标注与表中相对应的 b 和 h 及类型号。

3. 截面注写方式

截面注写方式是在分标准层绘制的柱平面布置图的柱截面上，分别在同一编号的柱中选择一个截面，以直接注写截面尺寸和配筋的具体数值的方式来表达柱平法施工图。

采用截面注写方式，在柱截面配筋图上直接引注的内容有：柱编号、柱高（分段起止高度）、截面尺寸、纵向钢筋、箍筋。如图 5-28 所示，具体规定如下：

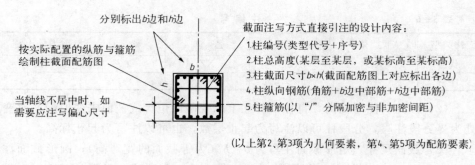

图 5-28 截面注写方式的内容

（1）柱编号。截面注写方式中，柱编号同列表注写方式。

（2）柱高。为选注值。

柱高通常与柱标准层竖向各层的总高度相同，所以柱高的注写属于选注内容，即当柱高与该页施工图所表达的柱标准层的竖向总高度不同时才注写，否则不注。当需要注写时，可以注写为该段柱的起止层数，也可以注写为该段柱的起止标高。

【例题 5-13】图 5-29 表示 KL3 柱在两个柱标准层段的几何尺寸与配筋示例，请说明含义。

解答：注写为"1～4 层"，表示 KL3 柱的高度从 1 层至 4 层共 4 层，配筋为图左标注；注写为"5～16 层"，表示 KL3 柱的高度从 5 层至 16 层共 11 层，配筋为图右标注。注写为"1～3 层"，表示 XZ1（芯柱）的高度从 1 层至 3 层共 3 层。

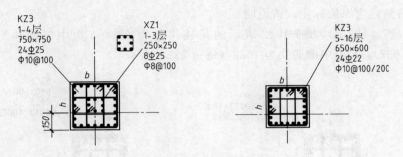

图 5-29 KZ3 柱高表示

（3）柱截面尺寸及柱偏心尺寸。矩形截面注写为 $b \times h$，规定截面的横边为 b 边，竖边为 h 边，并应在截面配筋图上标注 b 及 h 以给施工明确指示（当柱未正放时，标注 b 及 h 尤其必要）。

例如：如图 5-29 中，KZ3 柱（1～4 层）截面尺寸 b 为 750，h 为 750，柱偏心为 150；KZ3 柱（5～16 层）截面尺寸 b 为 650，h 为 600，柱偏心未标注。

当为圆形截面时，以 D 打头注写圆柱截面直径；当为异形柱截面时，需在截面外围注写各个部分的尺寸。图 5-30 为圆形柱及异形柱的截面标注。

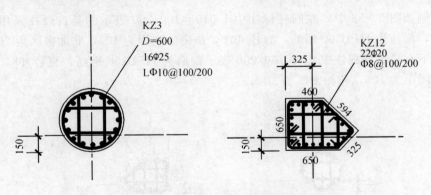

图 5-30 圆形柱及异形柱的截面标注

（4）纵向钢筋。当纵筋为同一直径时，无论为何种截面，均注写全部纵筋。

当矩形截面的角筋与中部筋直径不同时，按"角筋+b 边中部筋+h 边中部筋"的形式集中注写；也可在直接引注中仅注写角筋，然后在截面配筋图上原位注写中部筋；当采用对称配筋时，可仅注写一侧中部筋，另一侧不注。

【例题 5-14】图 5-31 中，左、右侧柱子标注形式不同，左侧柱为集中标

219

注，右侧柱为原位标注，请说明。

解答：425＋1022＋1022 表示的是柱四角为 425，b 边中部筋共为 1022（每边 522），h 边中部筋共为 1022（每边 522）。

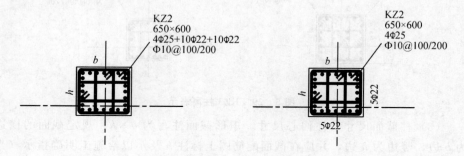

图 5-31　纵向钢筋的截面标注

（5）箍筋规格和间距。注写箍筋，包括钢筋级别、直径与间距；当圆柱采用螺旋箍时，需在箍筋前加"L"；箍筋的肢数及复合方式在柱截面配筋图上表示；当为抗震设计时，用"/"区分箍筋加密区与非加密区长度范围内箍筋的不同间距；当箍筋沿柱全高为一种间距时（如柱全高加密的情况）则不使用"/"。

例如图 5-32 中，左圆柱标注中 LΦ10@100/200 表示的是：圆柱采用螺旋箍，箍筋为 HPB300 钢筋，直径 Φ10，加密区间距为 100，非加密区为 200。

下右异型柱标注中 Φ8@100/200 表示箍筋为 HPB300 钢筋，直径 Φ8，加密区间距为 100，非加密区为 200。

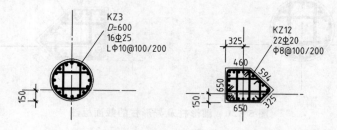

图 5-32　箍筋的截面标注

三、钢筋混凝土柱平法标注识图步骤

（1）查看图名、比例。

（2）校核轴线编号及间距尺寸，要求必须与建筑图、基础平面图一致。

（3）与建筑图配合，明确各柱的编号、数量和位置。

（4）阅读结构设计总说明或有关说明，明确柱的混凝土强度等级。

（5）根据各柱的编号，查看图中截面标注或柱表，明确柱的标高、截面尺寸和配筋情况。再根据抗震等级、设计要求和标准构造详图确定纵向钢筋和箍筋的构造要求。

（6）图纸说明其他的有关要求。

【例题 5-15】识读柱平法施工图（列表法）（图 5-33）。

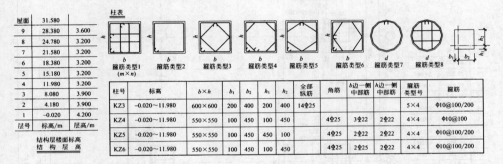

柱表

柱号	标高	b×h	b_1	b_2	h_1	h_2	全部纵筋	角筋	b边一侧中部筋	h边一侧中部筋	箍筋类型号	箍筋
KZ3	-0.020~11.980	600×600	200	400	200	400	14Φ25				5×4	Φ10@100/200
KZ4	-0.020~11.980	550×550	100	450	100	450		4Φ25	3Φ22	2Φ22	4×4	Φ10@100
KZ5	-0.020~11.980	550×550	100	450	450	100		4Φ25	2Φ22	2Φ22	4×4	Φ10@100/200
KZ6	-0.020~11.980	550×550	100	450	100	450		4Φ25	2Φ25	2Φ22	4×4	Φ10@100/200

图 5-33　柱平法施工图列表注写方式例题

分析：列表注写方式的柱平法施工图的识读主要是观察柱表中的各项内容，一般顺序为：先根据各柱的编号，查看图中柱表，在柱表中明确柱的标高、截面尺寸和配筋情况。

解答：

柱表中，第一行中"KZ3"表示编号为 3 的框架柱；柱截面尺寸用 $b×h$ 表示，数值为"600×600"。

$b_1=400mm$，$h_1=200mm$，$h_2=400mm$，这三个数据用来定位柱中心与轴线之间的关系。角筋是布置于框架柱四个柱角部的钢筋。箍筋类型 1 中：m 表示 b 方向的钢筋根数，n 表示 h 方向的钢筋根数。"Φ10@100/200"表示箍筋的直径为 10mm，钢筋强度等级为Ⅰ级，箍筋在柱的加密区范围内的间距为 100mm，非加密区为 200mm。用"/"将箍筋加密区和非加密区分割开来。

第二行中"KZ4"表示编号为 4 的框架柱，柱截面尺寸用 $b×h$ 表示，数值为"550×550"。

定位轴线尺寸为 $b_1=275mm$，$b_2=275mm$，$h_1=100mm$，$h_2=450mm$。柱中全部纵筋为：角筋 425，b 截面中部配有 322，h 截面中部配有 222，箍筋类型Ⅰ（4×4）中：m 表示 b 方向的钢筋根数，n 表示 h 方向的钢筋根数。

221

"Φ10@100"表示箍筋的直径为10mm，钢筋强度等级为Ⅰ级，箍筋在柱的全部范围内加密，间距为100mm。

【例题5-16】识读柱平法施工图（截面法）（图5-34）。

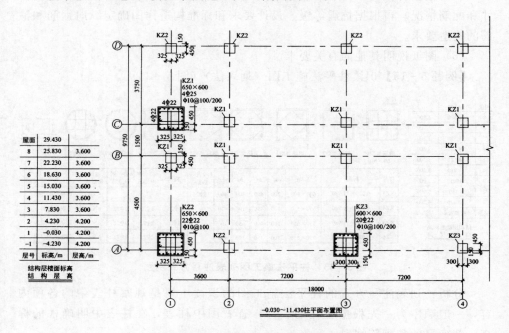

图5-34 柱平法施工图截面注写方式例题

解答：

轴线C交于轴线1处：KZ1表示编号1的框架柱；650×600表示框架柱柱截面尺寸用$b \times h$表示，数值为：

$b = 650$mm，$h = 600$mm；425表示角部配置钢筋直径为25mm，钢筋强度等级为Ⅱ级的角筋；"Φ10@100/200"表示箍筋的直径为10mm，钢筋强度等级为Ⅰ级，箍筋在柱的加密区范围内的间距为100mm，非加密区为200mm。

轴线A交于轴线1处：KZ2表示编号2的框架柱；650×600表示框架柱柱截面尺寸用$b \times h$表示，数值为：

$b = 650$mm，$h = 600$mm；2222表示框架柱纵向配置22根钢筋直径为22mm、钢筋强度等级为Ⅱ级的受力钢筋，期中4根钢筋布置在截面的四个角部，剩余18根钢筋的位置以柱截面中钢筋的布置示意为准；"Φ10@100"表示箍筋的直径为10mm，钢筋强度等级为Ⅰ级，箍筋在柱的全部范围内加密，间距为100mm。

222

第五节　钢筋混凝土楼梯结构布置图识读

一、钢筋混凝土楼梯结构构件组成

钢筋混凝土楼梯依施工方法不同分为现浇式钢筋混凝土楼梯和预制钢筋混凝土楼梯。

现浇式钢筋混凝土楼梯依结构形式不同分为板式楼梯和梁板式楼梯。

1. 板式楼梯（图5-35）

（1）构件组成：梯段板，平台板，平台梁。

（2）梯段板主要受力钢筋配筋方向：梯段长度方向。

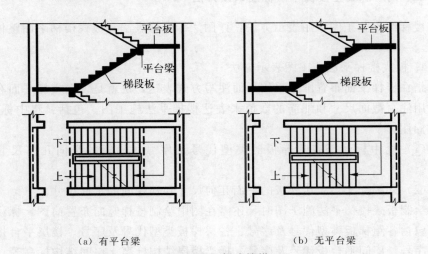

（a）有平台梁　　　　　　　　　（b）无平台梁

图5-35　板式楼梯

2. 梁板式楼梯（图5-36）

（1）构件组成：梯段板，斜梁，平台板，平台梁。

（2）梯段板主要受力钢筋配筋方向：梯段宽度方向。

预制装配式楼梯是将钢筋混凝土楼梯分成若干构件，各构件在预制厂预制好后在施工现场直接安装。

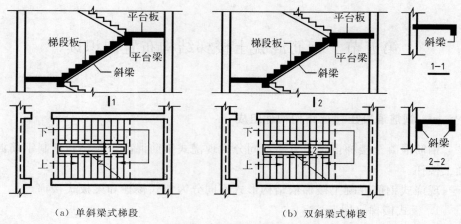

（a）单斜梁式梯段　　　　　　（b）双斜梁式梯段

图 5－36　梁板式楼梯

二、钢筋混凝土楼梯平法标注识读方法

楼梯结构施工图常用表示方法：详图法、楼梯表法和板式楼梯平面整体表示法。

1. 板式楼梯平法施工图表示方法

指在楼梯平面布置图上采用平面注写方式表达，也就是说在楼梯平面布置图上用注写截面尺寸和配筋的数值来表达楼梯平法施工图。包括：集中标注、外围标注。

（1）集中标注。表达梯板的类型代号及序号、梯板的竖向几何尺寸和配筋。

（2）外围标注。表达梯板的平面几何尺寸和楼梯间的平面尺寸。

绘制板式楼梯平法施工图时，还需在图中绘制楼梯竖向布置简图，标注的内容包括各跑梯板类型代号及序号、各层梯板类型代号及序号、楼层平台板代号及序号、层间平台板代号及序号、梯梁楼层结构标高、层间结构标高等。

2. 板式楼梯类型

板式楼梯主要有两组共 11 种类型，楼梯截面形状与支座位置示意图详见表 5－7。

表 5 - 7　　　　　　　　　　　**AT、BT、CT 型楼梯**

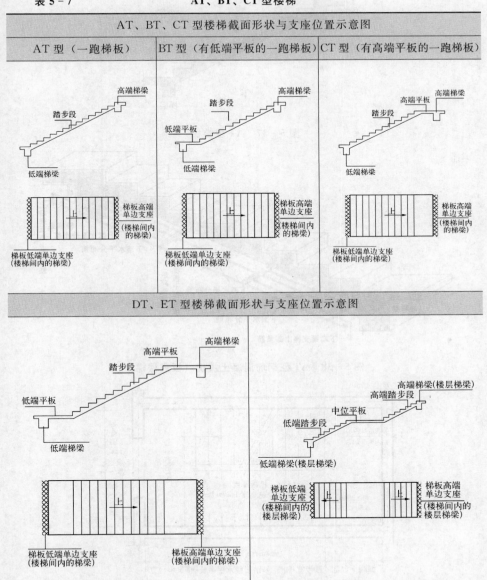

AT、BT、CT 型楼梯截面形状与支座位置示意图		
AT 型（一跑梯板）	BT 型（有低端平板的一跑梯板）	CT 型（有高端平板的一跑梯板）

DT、ET 型楼梯截面形状与支座位置示意图

3. 板式楼梯的平面注写方式（AT）型（图 5 - 37～图 5 - 39）

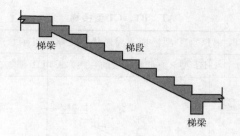

图 5-37　AT 型楼梯

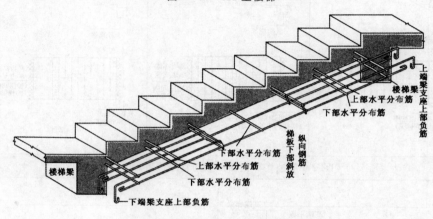

图 5-38　AT 型钢筋混凝土楼梯（板式楼梯）

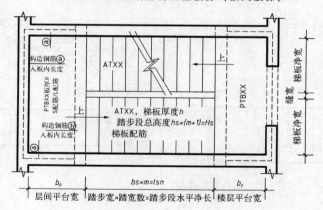

标高 XXX—标高 XXX楼梯平面图
梯板分布钢筋：XXXXXX
平台板分布钢筋：XXXXXX

图 5-39　楼梯平面注写方式

集中注写有 4 项内容（图 5-40）：

(1) 梯板类型代号和序号 AT××；

(2) 梯板厚度 h；

(3) 踏步段总高度 $Hs=hs$ $(m+1)$ Hs：踏步高；$m+1$：踏步数；

(4) 梯板配筋：图名下方注写梯板及平台板的分布钢筋。

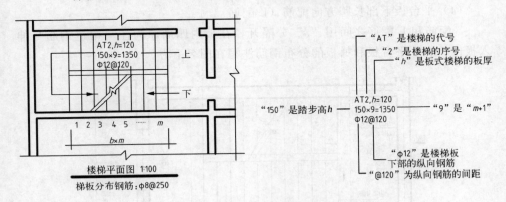

图 5-40 楼梯集中标注

【例题 5-17】图 5-41 中：AT7，$h=120$，$150×12=1800$，Φ12@125，请说明。

解答：系表示 7 号 AT 型板式楼梯，板厚 120mm，踏步高 150mm，踏宽数 $12-1=11$，楼梯板下部的纵向钢筋是 Φ12@125。

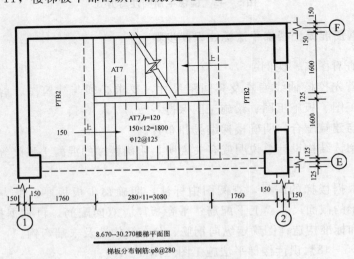

8.670--30.270楼梯平面图

梯板分布钢筋:φ8@280

图 5-41 楼梯平面图

4. 板式楼梯平台板的注写（图 5－42）

平台板中部注写内容有 4 项：

（1）平台板代号和序号 PTB××。

（2）平台板厚度 h。

（3）平台板下部短跨方向配筋（S 配筋）。

（4）平台板下部长跨方向配筋（L 配筋）。

S 配筋和 L 配筋之间用"/"分隔开，在板内四周原为注写构造钢筋与伸入板内长度，平台板和梯板的分布钢筋注写在图名下方。

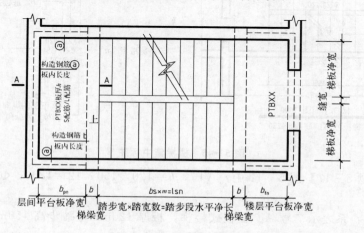

图 5－42 楼梯平面图注写方式

三、钢筋混凝土楼梯平法标注识读步骤

（1）查看图名、比例。

（2）首先校核轴线编号及其间距尺寸，要求必须与建筑图、剪力墙施工图、柱施工图、板施工图、梁施工图保持一致。

（3）与建筑配合，明确楼梯编号和布置。

（4）阅读结构设计总说明或有关说明，明确楼梯的混凝土强度等级及其他要求。

（5）根据楼梯的编号，查阅图中标注，明确踏步板板厚、受力筋、支座筋；平台梁的截面尺寸、上下配筋；平台板厚、双向配筋，再根据抗震等级、设计要求和标准构造详图确定纵向钢筋、分布筋构造及末端弯钩。

【例题 5－18】识读楼梯平法施工图（图 5－43）。

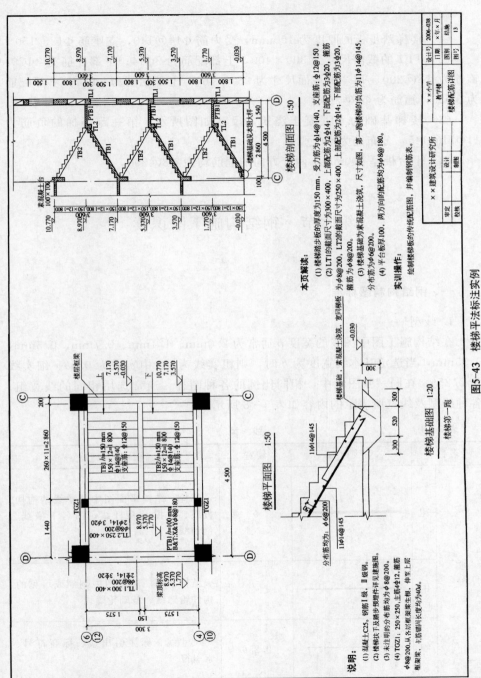

图5-43 楼梯平法标注实例

解答：

（1）楼梯踏步板的厚度为 150mm，受力筋 Φ14@140，支座筋 Φ12@150。

（2）TL1 的截面尺寸为 300×400，上部配筋为 2Φ14；下部配筋为 3Φ20；箍筋为 Φ8@200，TL2 的截面尺寸为 250×400，上部配筋为 2Φ14；下部配筋为 3Φ20；箍筋为 Φ8@200。

（3）楼梯基础为素混凝土浇筑，尺寸如图所示，第一跑楼梯的负筋为 11Φ14@145，分布筋为 Φ6@200。

（4）平台板厚 100mm，两个方向的配筋均为 Φ8@200。

第六节 钢结构施工图识读

一、钢结构制图标准

1. 线型

在结构施工图中图线的宽度 b 通常为 2.0mm、1.4mm、0.7mm、0.5mm、0.35mm，当选定基本线宽度为 b 时，则粗实线为 b、中实线为 $0.5b$、细实线为 $0.25b$。在同一张图纸中，相同比例的各种图样，通常选用相同的线宽组。各种线型及线宽所表示的内容如表 5-8 所示。

表 5-8 线 型

名称		线型	线宽	表示的内容
实线	粗		b	螺栓、结构平面图中的单线结构构件线、支撑及系杆线，图名下横线、剖切线
	中		$0.5b$	结构平面图及详图中剖到或可见的构件轮廓线、基础轮廓线
	细		$0.25b$	尺寸线、标注引出线、标高符号、索引符号

续表

名称		线型	线宽	表示的内容
虚线	粗	▬ ▬ ▬ ▬	b	不可见的螺栓线、结构平面图中不可见的单线结构构件线及钢结构支撑线
	中	▬ ▬ ▬ ▬	$0.5b$	结构平面图中的不可见构件轮廓线
	细	▬ ▬ ▬ ▬	$0.25b$	基础平面图中的管沟轮廓线
单点长划线	粗	▬ · ▬ · ▬	b	柱间支撑、垂直支撑、设备基础轴线图中的中心线
	细	▬ · ▬ · ▬	$0.25b$	定位轴线、对称线、中心线

2. 构件名称的代号

构件名称代号一般为该名称关键字拼音的开头字母，如屋面板的代号为WB。详见表 5-9。

表 5-9 构件名称代号

序号	名称	代号	序号	名称	代号
1	板	B	15	基础梁	JL
2	屋面板	WB	16	楼梯梁	TL
3	楼梯板	TB	17	框架梁	KL
4	盖板或沟盖板	GB	18	框支梁	KZL
5	挡雨板或檐口板	YB	19	屋面框架梁	WKL
6	吊车安全走道板	DB	20	檩条	LT
7	墙板	QB	21	屋架	WJ
8	天沟板	TGB	22	托架	TJ
9	梁	L	23	天窗架	CJ
10	屋面梁	WL	24	框架	KJ
11	吊车梁	DL	25	钢架	GJ
12	单轨吊车梁	DDL	26	支架	ZJ
13	轨道连接	DGL	27	柱	Z
14	车挡	CD	28	框架柱	KZ

3. 钢结构型钢名称及代号

钢结构型钢代号一般为该型钢的截面形状。如工字钢的代号为 I，详见表 5-10。

表 5-10　　　　　　　　　　　　　　钢结构型钢名称及代号

名　　称	截面代号	标注方法	立体图
等边角钢	L	$\llcorner$ $Lb \times d$ / l	
不等边角钢	L	$\llcorner$ $LBb \times d$ / l	
工字钢	I	$\bot$ Q/N / l	
槽钢	[	$\llcorner$ QCN / l （轻型钢加注Q）	
扁钢	−	$\ulcorner$ $-b \times 1$ / l	

4. 焊接和焊缝的代号

在钢结构施工中，常用焊接的方式把型钢连接起来。在焊接的钢结构图纸上，必须把焊缝的位置、型式和尺寸标注清楚，焊缝要采用"焊缝代号"标注：焊缝代号主要由图形符号、补充符号和引出线等部分组成，如图 5-44 所示。

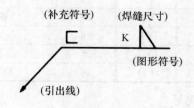

（补充符号）　　（焊缝尺寸）

（图形符号）

（引出线）

图 5-44　焊缝代号

几种常用的图形符号和补充符号，如表 5-11 所示。具体规定如下：

232

（1）焊缝的引出线是由箭头和两条基准线组成，其中一条为实线，另一条为虚线，线型均为细线。

（2）基准线的虚线可以画在基准线实线的上侧，也可画在下侧，基准线一般应与图样的标题栏平行，仅在特殊条件下才与标题栏垂直。

（3）若焊缝处在接头的箭头侧，则基本符号标注在基准线的实线侧；若焊缝处在接头的非箭头侧，则基本符号标注在基准线的虚线侧。

表 5－11　　　　　　　　　焊接和焊缝的代号

焊缝名称	示意图	图形符号	符号名称	示意图	补充符号	标注符号
V 型焊缝		∨	周围焊缝符号		○	
单边 V 型焊缝		V	三面焊缝符号		⊏	
角焊缝		△	带垫板符号		□	
I 型焊缝		‖	现场焊接符号		⊩	
点焊缝		○	相同焊缝符号		⌒	
			尾部符号		＜	

5. 焊缝及螺栓的标注

焊缝及螺栓的标注方法如表 5－12、表 5－13 所示。

表 5 – 12　　　　　　　　　　　　　焊缝的标注

示意图	标注方法	说　明	示意图	标注方法	说　明
		单面焊缝的标注			3 个和 3 个以上的焊接焊缝，不得作为双面焊缝，其符号和尺寸应分别标注
		1. 双面焊缝的标注 2. 当双面尺寸不相同时，横线上方表示箭头一面的符号和尺寸，下方表示另一面的符号和尺寸 3. 当两面尺寸相同时，只需在横线上方标注尺寸		不宜标注	局部焊缝的标注
					熔透角焊缝的标注
					较长的角焊缝，可不用引出线标注，而直接在角焊缝旁标出焊角度度 K 值

表 5 – 13　　　　　　　　　　　螺栓、孔、电焊铆钉图例及标注

名　称	图　例	名　称	图　例
永久螺栓		圆形螺栓孔	
高强螺栓		长圆形螺栓孔	
安装螺栓		电焊铆钉	

234

6. 钢结构构件的尺寸标注

（1）切板的钢材，应标明各线段的长度及位置，如图 5－45 所示。

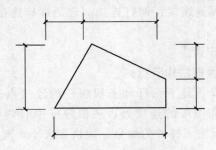

图 5－45　切板的尺寸标注

（2）两构件的两条很近的重心线，应在交汇处将其各自错开。如图 5－46 所示。

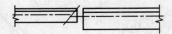

图 5－46　轴线相近时的尺寸标注

（3）节点尺寸标注，如图 5－47 所示。

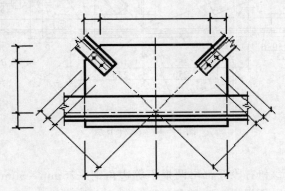

图 5－47　节点尺寸标注示意图

二、钢结构施工图识读步骤

（1）钢结构屋面布置图（包括索引图、轴线、图样等）。

（2）钢结构剖面图。

（3）钢结构三大主要构件（屋架，托架，檩条）的识读。

（4）节点详图识读。

钢结构是由若干构件连接而成的，钢构件又是由若干型钢或零件连接而成。钢结构的连接有焊缝连接、铆钉连接、普通螺栓连接和高强度螺栓连接，连接部位统称为节点。

1. 弦杆节点详图识读

【例题5-19】识读钢结构节点。

分析：图5-48节点是下弦杆和三根腹杆的连接点。整个下弦杆共分三段，这个节点在左段和中段的连接处；三根腹杆中有两根为斜杆，一根为竖杆。图5-48中详细标注了杆件的编号、规格和大小，同时要明确各杆件与连接板的连接方式。

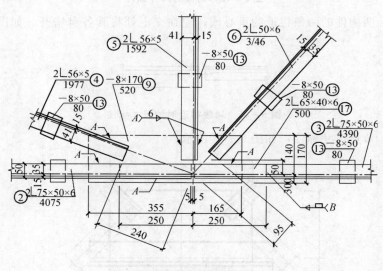

图5-48 弦杆节点

解答：

下弦杆左段②和右段③都由两根不等边角钢 ∟75mm×50mm×6mm 组成，接口相隔10mm以便焊接；竖杆⑤由两根等边角钢 ∟56mm×5mm 组成；斜杆⑥是两根等边角钢 ∟56mm×6mm；斜杆④是两根等边角钢 ∟56mm×5mm。这些杆件的组合型式都是背靠背，并且同时夹在一块节点板⑨上，然后焊接起来。由于下弦杆是拼接的，除焊接在节点板外，下弦杆两侧面分别加上一块拼接角钢17，把下弦杆左段和中段夹紧，并且焊接起来。由两角钢组成的杆件，每隔一定距离还夹上一块连接板13。

节点1竖杆⑤中画出表示指引线所指的地方，即竖杆与节点板相连的地

236

方，要焊双面贴角焊缝，焊缝高 6mm。焊缝代号尾部的字母 A 是焊缝分类编号。在同一图样上，可将其中具有共同焊缝型式、剖面尺寸和辅助要求的焊缝分别归类，编为 A、B、C、D……每类只标注一个焊缝代号，其他与相同的焊缝，则只需画出指引线，并注一个 A 字，如 A。

2. 柱拼接连接详图识读

识读柱的拼接有多种形式，以连接方法分为螺栓和焊缝拼接，以构件截面分为等截面拼接和变截面拼接。

【例题 5-20】识读等截面柱拼接节点。

分析：图 5-49 中需要明确上下柱截面形式，两柱端的腹板、翼缘之间拼接板的连接方式，每种连接方式的标注方法等。

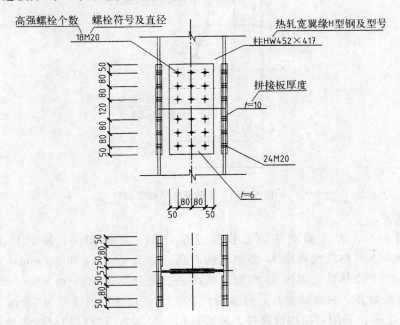

图 5-49　等截面柱拼接节点

解答：

在图 5-49 中，此钢柱为等截面拼接，HW452×417 表示立柱构件为热轧宽翼缘 H 型钢，高 452mm，宽 417mm；采用螺栓连接，18M20 表示腹板上排列 18 个直径为 20mm 的螺栓，24M20 表示每块翼板上排列 24 个直径为 20mm 的螺栓，由螺栓的图例可知为高强度螺栓，从立面图可知腹板上螺栓的排列，从立面图和平面图可知翼缘上螺栓的排列，栓距为 80mm，边距为 50mm；拼

237

接板均采用双盖板连接，腹板上盖板长为 540mm，宽为 260mm，厚为 6mm，翼缘上外盖板长为 540mm，宽与柱翼宽相同，为 417mm，厚为 10mm，内盖板宽为 180mm。

【例题 5-21】识读变截面柱拼接节点。

分析：变截面柱拼接节点与等截面柱拼接节点识读方法类似，不同的是两柱端用有一变截面过渡柱段进行连接，需明确过渡柱段与上下柱端的连接方式。

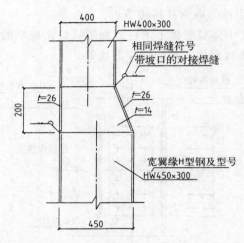

图 5-50　变截面柱拼接节点

解答：

图 5-50 为变截面柱偏心拼接连接详图。在此图中，知此柱上段为 HW400×300 热轧宽翼缘 H 型钢，截面高、宽为 400mm 和 300mm，下段为 HW450×300 热轧宽翼缘 H 型钢，截面高、宽分别为 400mm 和 300mm，柱的左翼缘对齐，右翼缘错开，过渡段长 200mm，过渡段翼缘厚为 26mm，腹板厚为 14mm。采用对接焊缝连接，从焊缝标注可知为带坡口的对接焊缝，焊缝标注无数字时，表示焊缝按构造要求开口。

【例题 5-22】识读梁拼接节点。

分析：梁的拼接节点与柱拼接节点识读方法基本一致。

解答：

图 5-51 为梁拼接连接详图。在此详图中，可知此钢梁为等截面拼接，HN500×200 表示梁为热轧窄翼缘 H 型钢，截面高、宽分别为 500mm 和 200mm，采用螺栓和焊缝混合连接，其中梁翼缘为对接焊缝连接，小三角旗

238

表示焊缝为现场施焊，从焊缝标注可知为带坡口有垫块的对接焊缝，焊缝标注无数字时，表示焊缝按构造要求开口，从螺栓图例可知为高强度螺栓，个数有10个，直径为20mm，栓距为80mm，边距为50mm；腹板上拼接板为双盖板，长为420mm，宽为250mm，厚为6mm。

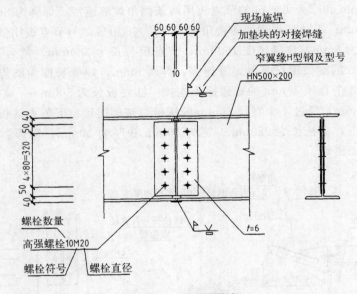

图 5-51　梁拼接节点

【例题 5-23】识读屋架支座节点。

分析：屋架支座节点一般比较复杂，节点连接的构件也较多。识读步骤为：

（1）明确屋架支座的形式（梯形屋架支座或者三角形屋架支座）。

（2）明确每种构件（弦杆）的截面形式、组成及具体尺寸。

（3）明确各构件与拼接板的连接方式（焊接或螺栓连接）。

（4）识读每种连接方式的具体连接尺寸。

解答：

图 5-52 为梯形屋架支座节点详图。在此详图中，将屋架上、下弦杆和斜腹杆与边柱螺栓连接，边柱为 HW400×300，表示柱为热轧宽翼缘 H 型钢，截面高、翼缘宽分别为 400mm 和 300mm。在与屋架上、下弦节点处，柱腹板成对设置构造加劲肋，长与柱腹板相等，宽为 100mm，厚为 12mm。

在上节点，上弦杆采用两不等边角钢 2L110×70×8 组成，通过长为220mm、宽为 240mm 和厚为 14mm 的节点板与柱连接，上弦杆与节点板用两

239

条侧角焊缝连接，焊脚 8mm，焊缝长度 150mm，节点板与长为 220mm、宽为 180mm 和厚为 20mm 的端板用双面角焊缝连接，焊脚 8mm，焊缝长度为满焊，端板与柱翼缘用 4 个直径 20mm 的普通螺栓连接。

在下节点，腹杆采用两不等边角钢 2L90×56×8 组成，与长为 360mm、宽为 240mm 和厚为 14mm 的节点板用两条侧角焊缝连接，焊脚为 8mm，焊缝长度 180mm；下弦杆采用两等边角钢 2L100×8 组成，与节点板用侧角焊缝连接，焊脚为 8mm，焊缝长度 160mm；节点板与长为 360mm、宽为 240mm 和厚为 20mm 的端板用双面角焊缝连接，焊脚 8mm，焊缝长度为满焊，端板与柱翼缘用 8 个直径 20mm 的普通螺栓连接。柱底板长为 500mm、宽为 400mm 和厚为 20mm，通过 4 个直径 30mm 的锚栓与基础连接；下节点端板刨平顶紧置于支托上，支托长为 220mm、宽为 80mm 和厚为 30mm，用焊脚 10mm 的角焊缝三面围焊。

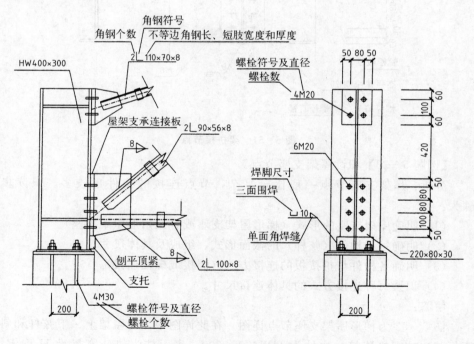

图 5-52　屋架支座节点

240

第六章　建筑工程施工图综合识读

综合识图是指不但要能看懂某一专业的图纸，还应该能将其他有关专业的图纸联系起来，并能掌握局部和整体的关系。识图过程中，要由整体到局部再由局部到整体。在脑海中形成一座建筑物的完整形状，才能正确地按图纸施工。

一套完整的房屋建筑施工图一般包括建筑、结构和设备施工图，它们之间既有专业的分工，又有相互间密切的配合。

工程开工之前，需要识图、审图，再进行图纸会审工作。

一、识图内容

（1）确定建筑使用功能。根据新建建筑平面图，可以确定建筑使用功能。

（2）确定建筑结构形式和规模。根据设计说明、设计图结构构件组成可以明确新建建筑结构形式；根据建筑平、立、剖面图的尺寸和标高的标注确定建筑规模。

（3）确定各建筑构配件定形、定位。通过识读定位轴线以及各类定形、定位尺寸及标高可以确定。

（4）确定建筑各构配件及内外装修材料。通过识读建筑详图、结构施工图等可以确定。

二、审图内容

因为各种原因，设计文件可能存在一些前后相互矛盾、遗漏、标注错误等问题。通过对设计文件的审图，及时发现问题，为工程开工做好充分准备。

1. 审查尺寸标注

（1）审查总平面总尺寸与平面图总尺寸是否一致。

（2）审查建筑平面图中细部尺寸与轴线间距、总体尺寸之间是否闭合。

（3）审查建筑立、剖面图中细部尺寸与层高、建筑高度（建筑总高度）之间是否闭合。

（4）审查建筑详图及其他结构施工图同上。

（5）审查对应的建筑施工图与结构施工设计图之间尺寸标注是否一致。

2. 审查标高标注

（1）审查总平面图中室外地坪绝对标高与室内地坪绝对标高值（是否符合室内外高差）。

（2）审查建筑施工图中标高标注值与对应的尺寸标注是否吻合。

（3）审查建筑施工图和结构施工图之间对应部位的建筑标高和结构标高。

3. 审查建筑构配件在建筑、结构施工图中的位置关系

（1）根据正投影图关系，审查各图之间建筑构配件的位置关系、形状、尺寸是否正确。如：剖面图中看到的门窗、梁、柱是否画得完整，位置是否准确。

（2）结构施工图中的梁、板、柱平面布置图中的位置、形状、尺寸是否与建筑施工图一致。

三、图纸会审内容

图纸会审是使各参建单位熟悉设计图纸，领会设计意图，掌握工程特点、难点，找出需要解决的技术难题和拟定解决方案。将图纸中因设计缺陷而存在的问题消灭在施工之前，同时，图纸会审会提高施工质量、节约施工成本、缩短施工工期，从而提高效率。因此，施工图纸会审是工程施工前的一项必不可少的工作。

1. 重点内容

（1）施工图纸是否无证设计或越级设计，是否经正规设计单位正式签章，是否通过有关部门评审。

（2）设计图纸与说明是否符合当地要求。

（3）设计地震烈度是否符合当地要求。

（4）专业图纸之间是否有矛盾，尺寸及标高标注是否一致。

（5）建筑节能、防火、消防是否满足要求。

（6）建筑与结构构造是否存在不能施工，或施工难度大，容易导致质量安全或工程费用增加等方面的问题。

（7）关键工序是否可以通过设计进行优化，以加快工程进度，减少工程成本。

（8）是否采用了特殊材料或新型材料，其品种、规格、数量等材料的来源和供应能否满足要求。

（9）是否有违反强制性条文的情况。

2. 一般内容

（1）设计文件表达不规范，容易造成理解偏差，需进一步澄清的问题。

（2）施工做法是否具体，与施工质量验收规范、规程等是否一致。

（3）地质勘探资料是否齐全。

（4）施工图纸与说明是否齐全。

（5）总平面图与其他建筑施工图的几何尺寸、平面位置、标高等是否一致，标注有无遗漏。

（6）建筑、结构与各专业图纸本身是否有差错或矛盾，建筑图与结构图的表达方式是否清楚且符合制图标准。

（7）结构施工图中设计钢筋锚固长度是否符合其抗震等级的规范要求，预埋件是否表达清楚，有无钢筋明细表或钢筋的构造要求，在图中是否表示清楚。

（8）地基处理方法是否合理。

（9）施工图中所列各种标准图册施工单位是否具备。

图纸会审应在开工前进行并形成会审纪要，对提出的设计问题应由设计单位限期提交补充或修改后的设计文件。

四、建筑工程设计图实例实训

如图为某市珊瑚"幼儿园"教学楼建筑、结构施工图识读。

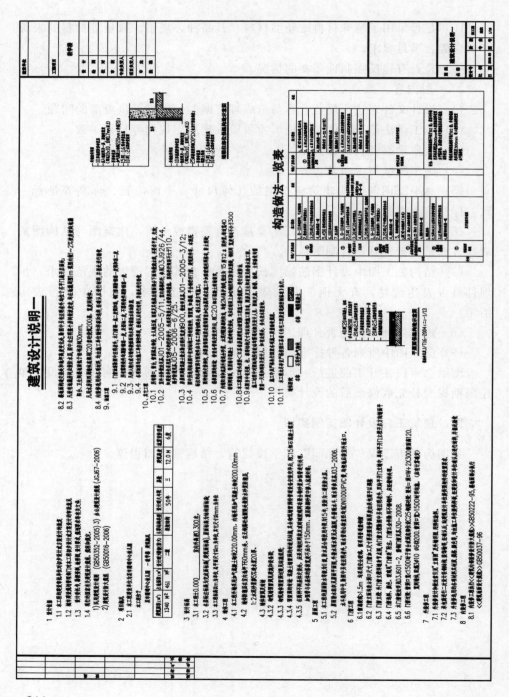

建筑设计说明一

1 设计依据
1.1 本工程按照甲方提供的设计任务书及有关规范规程设计。
1.2 国家现行的有关建筑设计规范、规程及标准。

2 工程概况
2.1 本工程为多层住宅楼建筑。

3 墙体工程
3.1 本工程±0.000。

4 楼地面工程

5 屋面工程

6 门窗工程

7 外装修工程

8 室内装修工程

构造做法一览表

建筑设计说明二

门窗表

类别	洞口(宽×高)尺寸 宽	高	数量	图集编号	选用型号	备注
LM1421	1400	2100	7	03J609	1M01-1ZZ11	木(沿底大样) 乙级防火门
M1221	1200	2100	9	03J601-2	III aaaa	木
M1021	1000	2100	9	03J601-2	III aaaa	木
C1513	1500	1350	1	06J607-1+1+ IM	80型	塑钢
C1515	1500	1500	1	06J607-1+1+ IM	80型	塑钢
C1518	1500	1800	12	06J607-1+1+ IM	80型	塑钢
C2422	2400	2200	12	06J607-1+1+ IM	80型	塑钢
C1822	1800	2200	9	06J607-1+1+ IM	80型	塑钢
C1811	1800	11300	1			玻璃幕墙(半隐大样)
C-1	2100	aaa	1	06J607-1+1+ IM	80型	塑钢

公共建筑节能设计专篇

一、工程概况

二、设计依据
1.《民用建筑热工设计规范》GB50176-1993
2.《公共建筑节能设计标准》GB50189-2005
3.《江苏省公共建筑节能设计标准》(节能专篇)省标准及规范(2009年版)
4.《江苏省太阳能热水系统工程技术大样(节能专篇)省标准及规范(2008年版)
5. 图集、图、平面节能细则设计、出具

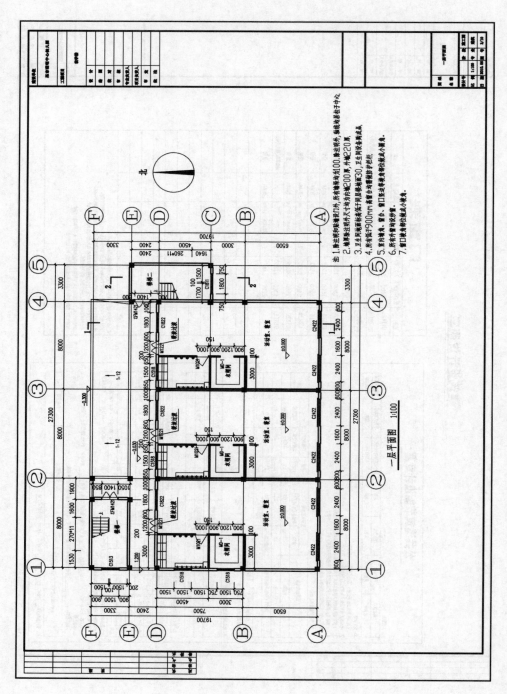

一层平面图 1:100

北

注 1. 除注明和能注明外，所有墙体均为240，除注明外，除注明外，单线均为柱子中线。
2. 墙具体尺寸均为外皮至墙轴线200厚，外墙220厚。
3. 卫生间楼板标高比平层板低30，卫生间平铺做法成。
4. 所有窗下900mm高窗台均需做防护栏杆。
5. 室内坡率、平台、窗户、窗口至过度的墙或层均≥0.2圈面。
6. 所有平面均为坡边墙。
7. 窗口凡是有坡边均≥小坡率。

246

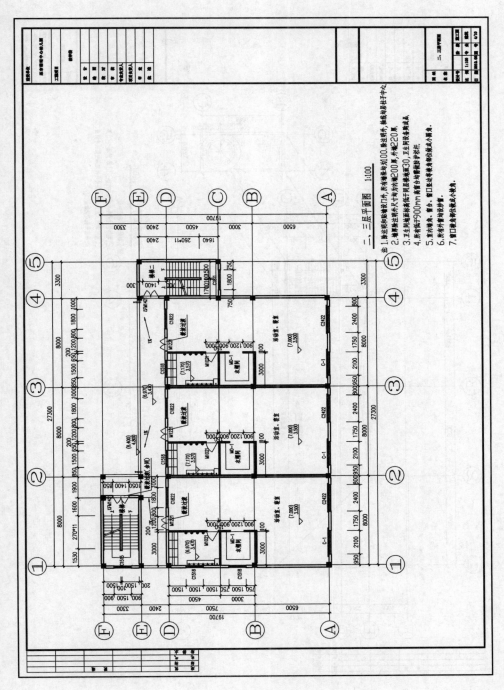

二、三层平面图 1:100

注 1.除注明的轴线装修口外,所有墙基本均为100,除注明外,轴线均居柱子中心。
2.墙体除注明外尺寸均为内墙200厚,外墙220厚。
3.卫生间地面标高低于同层楼面标高30,卫生间设本取成底。
4.所有窗台平900mm高窗台均需做护拦栏杆。
5.主体构件本、窗台、窗口室过室有本本做成最小角角。
6.所有构件均为现浇。
7.窗口做本本均做成最小地角。

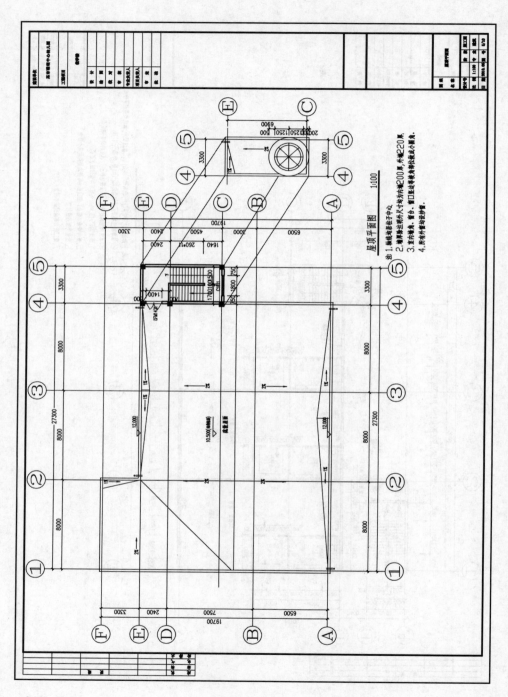

屋顶平面图 1:100

注 1. 轴线均为房柱中心。
2. 本屋顶坡度的尺寸均为柱墙200厚,外墙220厚。
3. 主体房本、窗台、窗口及台体各部位尺寸及大样不。
4. 所有外墙按设计增。

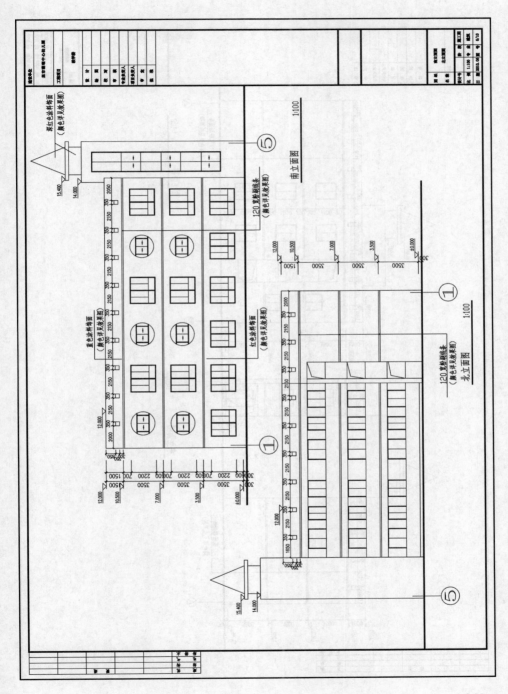

南立面图 1:100

北立面图 1:100

249

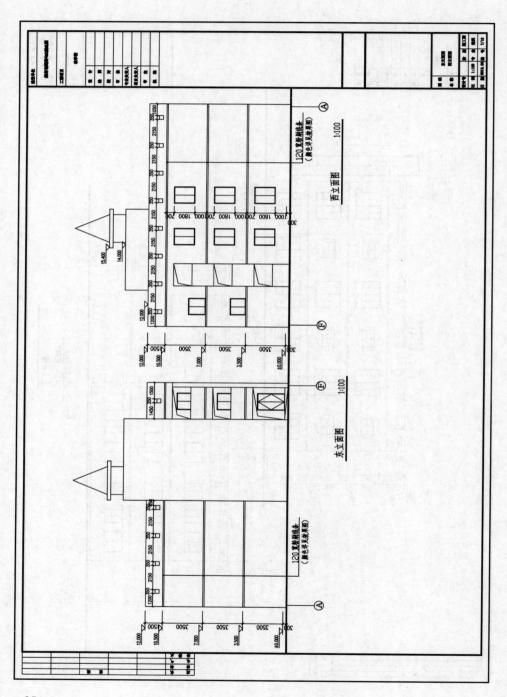

西立面图　1:100

东立面图　1:100

250

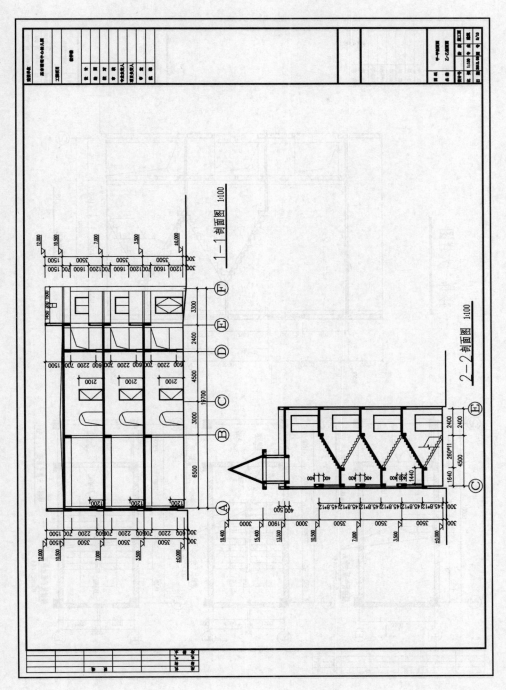

1—1 剖面图 1:100

2—2 剖面图 1:100

251

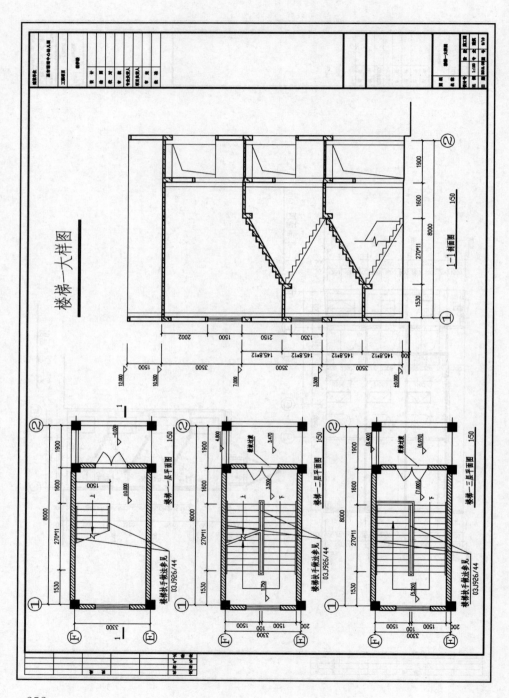

楼梯一大样图

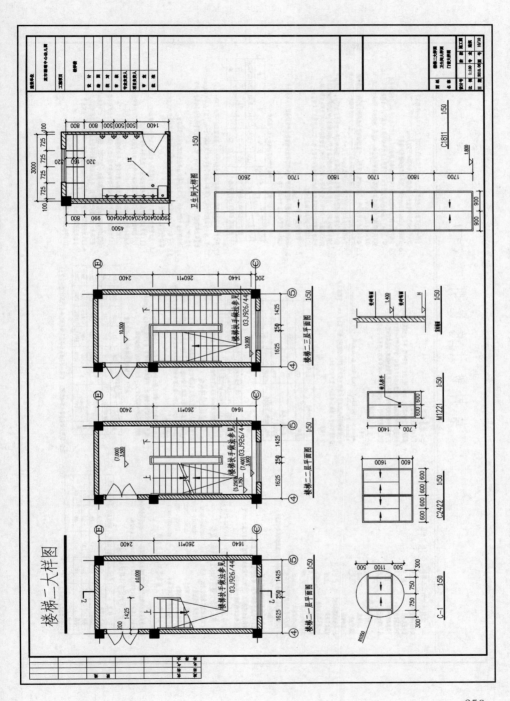

楼梯二大样图

卫生间大样图 1:50

楼梯二层平面图 1:50

楼梯二层平面图 1:50

楼梯二层平面图 1:50

C1811 1:50

M1221 1:50

C2422 1:50

C-1 1:50

结构设计总说明（一）

一、建筑结构的安全等级及设计使用年限

二、自然条件

三、本工程相对标高 ±0.000

四、本工程设计遵循的标准、规范、规程

五、本工程设计计算所采用的计算程序

六、设计采用的可变荷载（活荷载）标准值

七、地基基础

八、主要结构材料

九、钢筋混凝土结构构造

结构设计总说明（二）

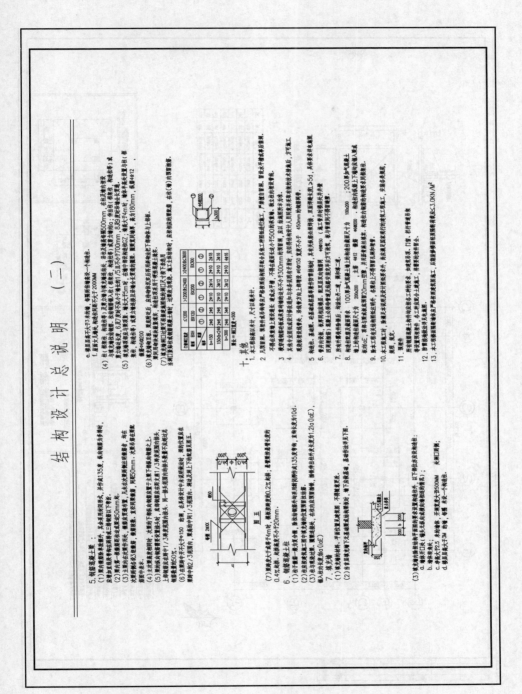

5、钢筋混凝土工程：

（1）混凝土保护层最小厚度，梁及柱的纵向受力钢筋为纵筋，并用角135度，其他钢筋如下表。

（2）受力普通钢筋的锚固长度及搭接长度详见。

（3）主筋的搭接位置应错开，凡在受力较大及构造需要加强处，纵向受力钢筋的搭接接头面积百分率应符合规范规定。

（4）主筋的搭接连接时，接头面积百分率为50%。

（5）钢筋的锚固连接、搭接要求应符合规范规定。

（6）混凝土中不大于150 的梁，柱及剪力墙端部的箍筋应加密，加密区及箍筋应符合规范规定；其箍筋间距1/3柱高范围内加密，其箍筋间距为100、3、加密范围内的箍筋与顶层和底板按受力钢筋配置。

6、砌体填充墙及柱：

（1）填充墙与主体结构的连接应符合规范要求，当墙高超过4m时，应在墙中部设置水平系梁，其间距不大于720mm。

（2）填充墙顶部与梁、板底的连接应符合下列要求：
   a.墙体顶部与上层砼底面灰缝宽≤20mm；
   b.墙体顶斜砖；
   c.砼墙大于2.5 米的墙体，开洞顶部大于500mm；
   d.墙体高度大于3 米的墙体，墙顶，未设一个系梁。

（3）填充墙的拉接与平面墙连接要求应符合下列要求（墙无圈梁时应设与墙连接的构造措施）。

7、其他：

1.本工程标注尺寸，尺寸以mm计。

2.凡有洞口及需封堵之处应按规范要求进行施工，严禁管线水平埋入墙体内。

3.本工程钢筋均应按规定的锚固长度及搭接长度进行施工。

4.本工程未注明的各类构件及钢筋，均应按相应图集及规范要求施工。

5.本工程混凝土垫层厚度60mm，C15混凝土。

6.凡有预埋件及预留洞口处应按设备专业图纸要求预留。

7.本工程所用材料均应符合国家现行规范及标准要求。

8.钢筋混凝土结构中，预埋件应防锈处理。

9.本工程施工时，应加强各工种的配合。

10.本工程未说明之处，均应按国家现行有关规范及规程要求施工。

11.本工程基本风压、雪荷载应按地方规范要求取值。

12.凡未注明的各类构造，均按国家现行规范要求。

13.本工程所用材料应符合国家现行规范及标准要求。

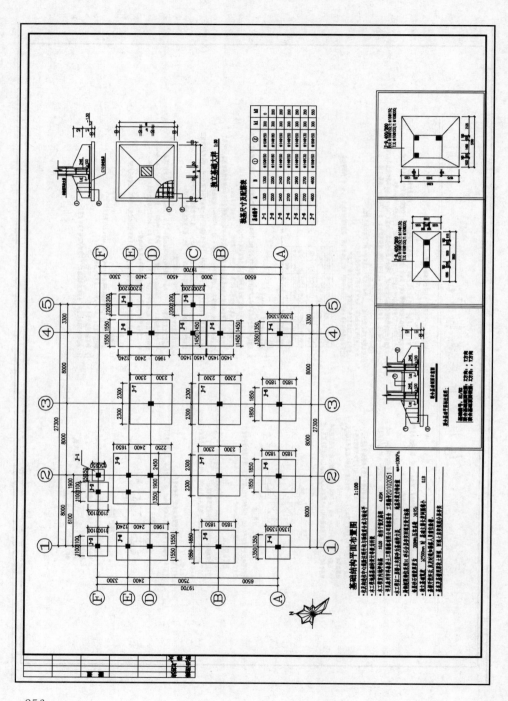

基础结构平面布置图

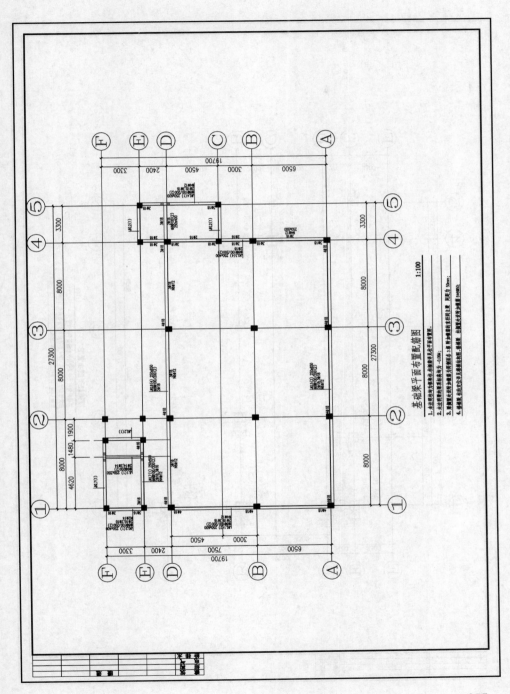

基础梁平面布置配筋图　1:100

1. 未注明柱均为框架柱，柱净跨同其上框架梁净跨。
2. 基础顶面标高为 -0.09m。
3. 基础梁水泥砂浆面层厚各 5mm，用50mm厚的C15混凝土垫层。
4. 基础梁、基础柱位及其基础均详见基础详图。

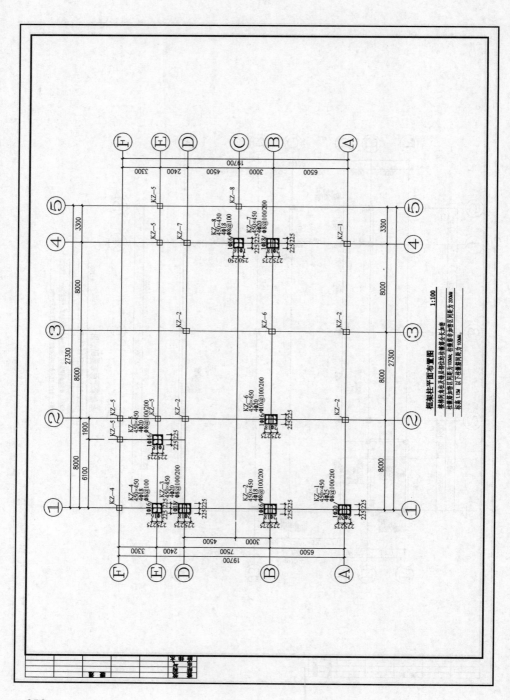

框架柱平面布置图 1:100

基础顶面至楼层板位处柱箍筋全部加密
柱箍筋加密区间距为100MM，柱箍筋非加密区间距为200MM
标高-1.15M 以下柱箍筋间距为100MM。

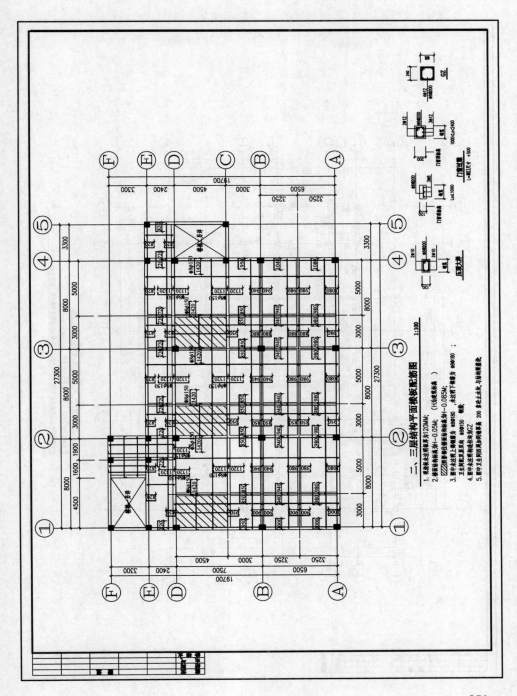

二、三层结构平面楼板配筋图 1:100

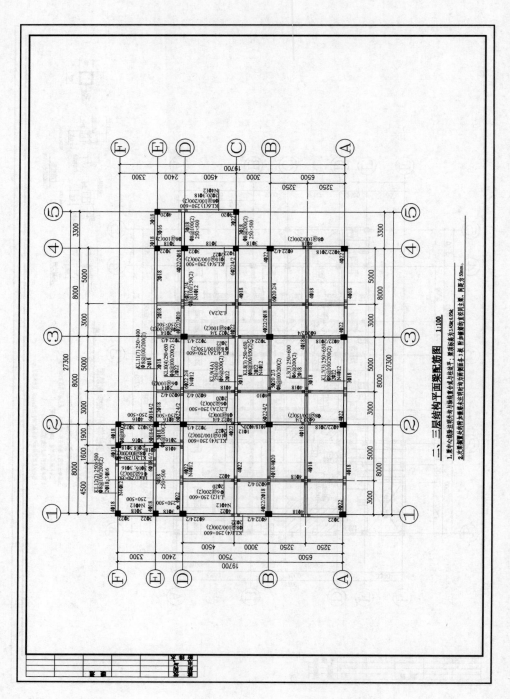

二、三层结构平面梁配筋图 1:100

1. 本平面除进明外均与标准恒等平标准标高为3.4m及8.8m
2. 凡在翻梁处的悬翻悬梁过明处为附属面悬过悬悬悬悬悬悬悬悬悬悬悬悬悬悬悬悬悬悬悬为50mm。

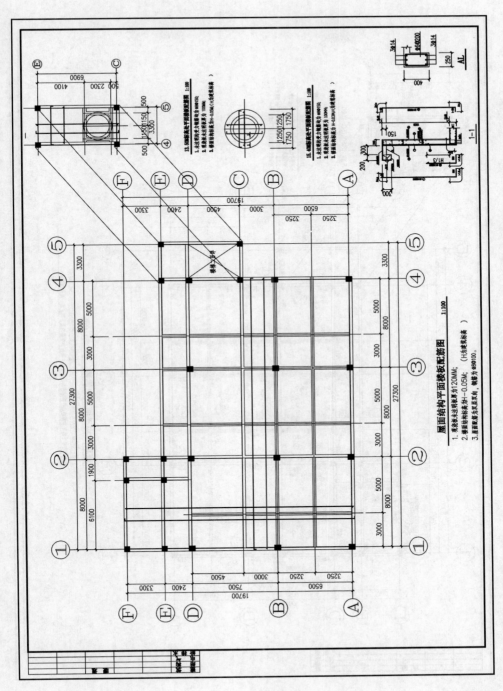

屋面结构平面楼板配筋图 1:100

1. 未注明板厚均为120MM;
2. 屋面楼标标高为-0.05M; (H为结构标高)
3. 屋面配筋为双层双向，钢筋为φ8@100。

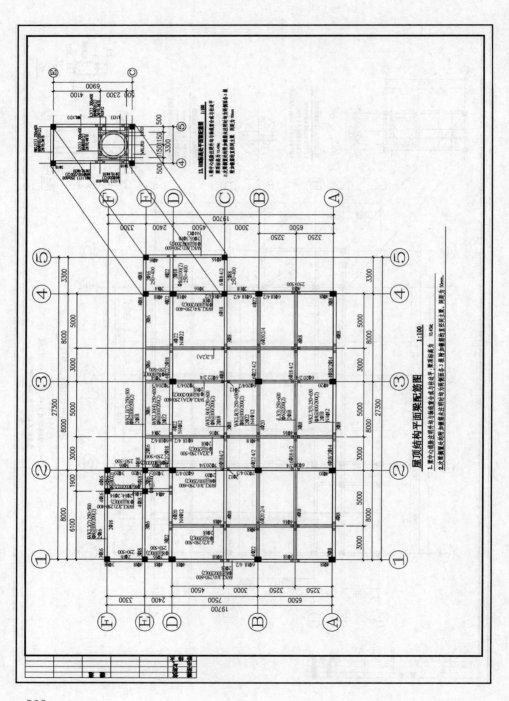

屋顶结构平面梁配筋图 1:100

1.集中心楼梯定型外地下墙线组合成与抱过梁平·梁标高为 10.450.

2.次梁翼梁处钢筋加弯超末述时过现底与加缝梁的直径同主要.同里为 50mm.

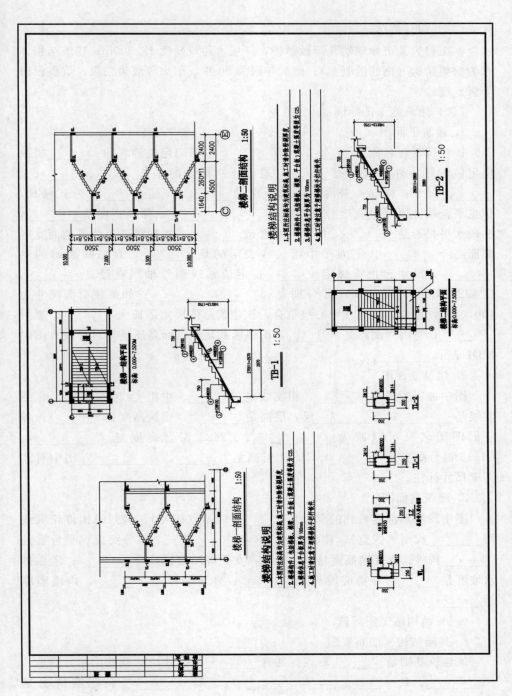

楼梯一剖面结构 1:50

楼梯结构说明

1. 本图所注标高均为建筑标高，施工时应扣除装修厚度。
2. 楼梯板厚，包括梯板、梯梁、平台板，混凝土强度等级为C25。
3. 楼梯休息平台板厚度为100mm。
4. 施工时注意予留楼梯扶手老门洞处。

TB-2 1:50

楼梯一结构平面
标高0.000~7.500M

TB-1 1:50

楼梯一结构平面
标高0.000~7.500M

TL-2

TL-1

LZ
0.9m以下配箍

TL

楼梯一剖面结构 1:50

楼梯结构说明

1. 本图所注标高均为建筑标高，施工时应扣除装修厚度。
2. 楼梯板厚，包括梯板、梯梁、平台板，混凝土强度等级为C25。
3. 楼梯休息平台板厚度为100mm。
4. 施工时注意予留楼梯扶手老门洞处。

（一）项目概述

本工程为某市珊瑚幼儿园教学楼，三层，建筑高度 12.300m；建筑结构体系为框架结构（钢筋混凝土）；耐久年限为 50 年，耐火等级为二级，抗震设防等级 6 度。

（二）建筑施工图导读

1. 建筑平面图

该建筑工程名称是＿＿＿＿＿＿＿；有＿＿＿＿＿＿＿根横向定位轴线和＿＿＿＿＿＿＿根纵向定位轴线；外部尺寸有＿＿＿＿＿＿＿道，分别标注的是＿＿＿＿＿＿＿、＿＿＿＿＿＿＿、＿＿＿＿＿＿＿尺寸；楼梯一开间，进深分别是＿＿＿＿＿＿＿，是＿＿＿＿＿＿＿形式楼梯，休息平台和楼层平台宽度分别是＿＿＿＿＿＿＿、＿＿＿＿＿＿＿，梯段宽度是＿＿＿＿＿＿＿，梯段水平投影是＿＿＿＿＿＿＿，楼梯井宽度是＿＿＿＿＿＿＿，楼梯踏步尺寸是踏面宽×踢面高＝＿＿＿＿＿＿＿。平面图中粗实线表示的是＿＿＿＿＿＿＿；点划线表示的是＿＿＿＿＿＿＿；尺寸起止符规定＿＿＿＿＿＿＿；定位轴线编号轴圈直径是＿＿＿＿＿＿＿；C2422、M1021、乙 FM1421 分别表示＿＿＿＿＿＿＿；如果柱截面尺寸为 400×400，定位轴线与柱中心线重合，该建筑总体尺寸是长＝＿＿＿＿＿＿＿、宽＝＿＿＿＿＿＿＿；室内外高差是＿＿＿＿＿＿＿，图中标高是相对标高还是绝对标高；图中 MD1 表示＿＿＿＿＿＿＿。

2. 建筑立面图

图中加粗实线是＿＿＿＿＿＿＿、粗实线是＿＿＿＿＿＿＿、中粗实线是＿＿＿＿＿＿＿、细实线是＿＿＿＿＿＿＿；有＿＿＿＿＿＿＿层，层高是＿＿＿＿＿＿＿，建筑高度是＿＿＿＿＿＿＿；各立面图图名又可以改为＿＿＿＿＿＿＿＿＿；C2422 窗台高度是＿＿＿＿＿＿＿＿，C1518 窗台高度是＿＿＿＿＿＿＿，C1811 窗高是＿＿＿＿＿＿＿，＿＿＿＿＿＿＿＿＿图中有其高度尺寸标注。

3. 建筑剖面图

图中没剖到但能看到的部分用＿＿＿＿＿＿＿线型（线宽），剖到的构件轮廓线用＿＿＿＿＿＿＿线型（线宽）；楼梯由＿＿＿＿＿＿＿＿＿三个部分组成；平台梁是＿＿＿＿＿＿＿构件；女儿墙高度是＿＿＿＿＿＿＿，女儿墙顶面标高是＿＿＿＿＿＿＿；屋面排水坡度是＿＿＿＿＿＿＿，垫坡坡度是＿＿＿＿＿＿＿；外墙墙厚是＿＿＿＿＿＿＿，内墙墙厚是＿＿＿＿＿＿＿。

（三）结构施工图导读

1. 基础结构平面布置图

该建筑基础是＿＿＿＿＿＿＿形式；共有＿＿＿＿＿＿＿种编号；J3 基础尺寸分别是 $A=$＿＿＿＿＿＿＿、$B=$＿＿＿＿＿＿＿、$h_1=$＿＿＿＿＿＿＿、$h_2=$＿＿＿＿＿＿＿；配筋情况是

264

_____。基础底面标高是_____，基础埋置深度是_____，垫层材料及厚度是_____；共有_____个 J3 基础，分别在轴线_____与轴线_____相交处。J9 是_____基础，尺寸是：长＝_____、宽＝_____、H_1＝_____、H_2＝_____；配筋情况是_____。

2. 基础梁平面布置图

该建筑共有_____种基础框架梁，5 号基础框架梁有_____跨，梁截面尺寸是宽＝_____、高＝_____、箍筋_____、梁上部钢筋_____、两底部钢筋_____、扭筋_____、支座处梁上部钢筋_____；识读 3 号框架梁配筋情况。

3. 框架柱平面布置图

该图属于_____（截面法或列表法），共有_____种不同柱的配筋；其中 KJ6 集中标注内容是_____，原位标注内容是_____，该柱在_____轴相交处；KJ3 集中标注内容是_____，原位标注内容是_____，该柱在_____轴相交处。

4. 二、三层结构平面楼板配筋图

楼面板顶标高是_____，板底部钢筋（未注明处）为_____；阴影处楼面板顶标高是_____，是_____使用房间的楼板，其楼板上部分布钢筋是_____。

其余框架梁、板、柱施工图识读方法同上。楼梯结构详图略。

参考文献

［1］吴舒琛，等．土木工程图识读．北京：高等教育出版社，2010.

［2］高丽荣，等．建筑制图．北京：北京大学出版社，2009.

［3］牟明，等．建筑工程制图与识图．第 2 版．北京：清华大学出版社，2011.

［4］游普元，等．建筑工程图识读与绘制．天津：天津大学出版社，2010.

［5］吴运华，等．建筑制图与识图．武汉：武汉理工大学出版社，2004.

［6］刘晓平，等．建筑工程图识读实训．上海：同济大学出版社，2010.

［7］高竞．平法结构钢筋图解读．北京：中国建筑工业出版社，2009.

［8］陈伯平，等．结构施工图识读技巧与要诀．北京：化学工业出版社，2011.

［9］上官子昌．11G101 图集应用——平法钢筋图识读．北京：中国建筑工业出版社，2012.

［10］张会斌，等．建筑工人看范例学识图．北京：机械工业出版社，2011.

［11］刘政，徐祖茂．建筑工人速成识图．北京：机械工业出版社，2006.

［12］尚久明．建筑识图与房屋构造．北京：电子工业出版社，2006.

［13］中华人民共和国住房和城乡建设部．房屋建筑制图统一标准（GB/T 50001—2010）．北京：中国计划出版社，2011.

［14］中华人民共和国住房和城乡建设部．建筑制图标准（GB/T 50104—2010）．北京：中国计划出版社，2011.

［15］中华人民共和国住房和城乡建设部．总图制图标准（GB/T 50103—2010）．北京：中国计划出版社，2011.

［16］中华人民共和国住房和城乡建设部．建筑结构制图标准（GB/T 50105—2010）．北京：中国计划出版社，2011.